电力工程施工现场人员
岗位读本

机械员

JIXIEYUAN

孟祥泽　主　编
张永法　杨　政　王　攀　副主编

U0299910

中国电力出版社
CHINA ELECTRIC POWER PRESS

内 容 提 要

本书为"电力工程施工现场人员岗位读本"《机械员》分册。

本书主要介绍了电力工程施工现场机械员的岗位职责和工作内容，应掌握的专业技术知识和管理知识，以及有关的法规、标准等。全书共分七章，包括：综述、混凝土机械、桩工机械、挖掘机械、起重机械、施工机械技术管理、起重机械操作禁忌与常见事故。

本书可供电力施工企业机械操作及管理人员使用，相关高校师生亦可参考。

图书在版编目（CIP）数据

电力工程施工现场人员岗位读本. 机械员/孟祥泽主编. —北京：中国电力出版社，2018.4
ISBN 978-7-5198-1129-7

Ⅰ. ①电… Ⅱ. ①孟… Ⅲ. ①电力工程–工程施工–施工现场–岗位培训–自学参考资料
Ⅳ. ①TM7

中国版本图书馆 CIP 数据核字（2017）第 220772 号

出版发行：中国电力出版社
地　　址：北京市东城区北京站西街 19 号（邮政编码 100005）
网　　址：http://www.cepp.sgcc.com.cn
责任编辑：韩世韬　010-63412373　夏华香　huaxiang-xia@sgcc.com.cn
责任校对：郝军燕
装帧设计：张俊霞
责任印制：蔺义舟

印　　刷：三河市百盛印装有限公司
版　　次：2018 年 4 月第一版
印　　次：2018 年 4 月北京第一次印刷
开　　本：710 毫米×980 毫米　16 开本
印　　张：12.25
字　　数：215 千字
印　　数：0001—1500 册
定　　价：49.00 元

电力工程施工现场人员岗位读本

机 械 员

前 言

当前，电力建设事业发展迅速，科学技术日新月异，新标准、新法规相继颁布。活跃在施工现场一线的技术管理人员，其业务水平和管理水平的高低，已经成为决定电力建设工程能否有序、高效、高质量完成的关键。为满足施工现场技术管理人员对业务知识的需求，我们在深入调查研究的基础上，组织相关工程技术人员编写了这套"电力工程施工现场人员岗位读本"，共有《技术员》《质检员》《计量员》《材料员》《预算员》《资料员》《机械员》《安全员》八个分册。

这套丛书理论联系实际，突出实践性和前瞻性，注重反映当前电力工程施工的新技术、新工艺、新材料、新设备、新流程和管理方法，也是编者多年现场工作经验的总结。

这套丛书主要介绍各类技术管理人员的岗位职责和工作内容，应掌握的专业技术知识和管理知识，以及有关的法规、标准等，是一套拿来就能学、能用的岗位培训用书。

本书为《机械员》分册，全面系统地介绍了作为施工现场的机械员所需掌握的知识要点、管理规定、相关法规等，主要内容包括：综述、混凝土机械、桩工机械、挖掘机械、起重机械、施工机械技术管理、起重机械操作禁忌与常见事故等。

本书由孟祥泽担任主编，张永法、杨政、王攀担任副主编，参加编写的还有齐伟、孟令晋、徐子越、冯卫亮、刘纪法、董文强、刘保峰、王勇旗、张俊强、罗佃华等。

本书编写过程中得到了中国电力出版社、中国电力建设集团有限公司工程管理部、中国电建山东电力建设第一工程有限公司、华电莱州发电有限公司、莱州珠江村镇银行股份有限公司、中国电建集团核电工程公司、山东滨州渤海活塞股份有限公司的大力支持，在此表示衷心的感谢。

本书虽经反复推敲，仍难免有疏漏和不当之处，恳请广大读者提出宝贵意见。

作　者

2018 年 1 月

电力工程施工现场人员岗位读本

机　械　员

目　录

第一章 综 述

第一节 施工机械设备概述

一、施工机械的概念、分类及组成

1. 施工机械的概念

凡土方工程、石方工程、起重装卸工程、人货升降输送工程、建筑工程、设备安装工程，以及同上述工程相关的生产过程机械化作业所必需的机械设备称为施工机械。

2. 分类

根据施工机械的结构特点和工作对象与主要用途，可分为以下几类：

（1）挖掘机械。

（2）铲土运输机械。

（3）工程起重机械。

（4）工业车辆。

（5）压实机械。

（6）路面机械。

（7）桩工机械。

（8）混凝土机械。

（9）钢筋和预应力机械。

（10）装修机械。

（11）凿岩机械。

（12）气动工具。

（13）铁道线路机械。

（14）市政工程与环卫机械。

（15）军用工程机械。

（16）电梯与扶梯。

（17）工程机械专用零部件。

（18）其他专用工程机械。

3. 工程机械的组成

施工机械由动力装置、传动装置、行走系、转向系、制动系、工作装置组成。

（1）动力装置：主要有内燃机、电动机、空压机等。

（2）传动装置：主要有机械传动、液压传动、液力传动等。

（3）工作装置：工作装置是根据各种工程机械具体工作要求而设计的，如卷扬机的卷筒、起重机的吊臂吊钩、装载机的动臂和铲斗等。

二、工程施工对工程机械的基本要求

1. 适应性

工程机械的使用地区，从热带到高寒带，自然条件和地理条件差别很大，工况是由地下、水下到高空，既要满是一般施工要求，还要满足各种特殊施工要求。

2. 可靠性

工程机械工作对象有砂土、碎石、沥青、混凝土等。作业条件严酷恶劣，机器受力复杂，振动与磨损剧烈。底盘和工作装置动作频繁，且经常处于满负荷工作状态，构件易于变形，常常因疲劳而损坏。

3. 经济性

经济性是一个综合性指标。制造经济性体现在工艺上合理、加工方便和制造成本低；使用经济性则应体现在高效率、能耗少和较低的管理及维护费用等。

三、衡量工程机械化施工水平的指标

1. 机械化程度

是指采用机械完成的工作量占总工程量的比率。机械化程度反映出使用机械代替人力或减轻劳动强度的程度。

机械化水平：是指同样自然条件下，用机械完成施工作业，最后所得的经济效果，通常用工程造价（元/km 或元/m^2）来表述。机械化程度仅仅是提高机械化水平的物质基础。同样基础的两家施工企业，由于施工工艺和管理上的差异，往往表现出的机械化水平不同。

2. 技术装备率

技术装备率一般以每千（或每个）施工人员所拥有机械的台数、功率、质量或投资额。技术装备率反映一个施工单位或对某项基本建设工程项目的装备水平。

3. 设备完好率

是指机械设备完好台数与总台数的比率。设备完好率仅表示机械本身的可靠性、寿命与机械的管理、运用水平。

4. 设备利用率

是指机械设备实际运用的台班数与全年应出勤的总台班数的比率。设备利用率与施工任务饱满程度、管理水平高低及设备完好率有密切关系。

第二节 机 械 员 职 责

机械员的职责如下。

（1）认真贯彻执行国家、行业和上级有关施工机械设备安全管理法律法规以及各项管理办法，负责制定本单位的机械设备安全管理办法，并组织实施。

（2）负责组织施工现场施工机械设备使用前的验收、监督检查、日常保养及维修的管理工作。贯彻执行机械安全操作规定，做到定机、定人管理。负责建立机械设备台账。

（3）负责设备操作人员证件的审核及上报工作，实施完毕后进行验收。在施工机械活动范围内设置明显的安全警示标志，对集中作业区督促有关部门做好安全防护。

（4）对施工现场的塔吊、施工电梯、物料提升机等大型设备安装、拆卸过程及起重吊装作业进行旁站式监督，及时检查和纠正违章。

（5）根据不同施工阶段、周边环境以及季节、气候的变化，对机械设备采取相应的安全防护措施，消除施工机械设备事故，实现本质安全。参加机械设备事故的调查分析，对机械设备、安全、人身事故坚持"三不放过"（事故原因不清不放过；事故责任者和应受教育者没有受到教育不放过；没有采取防范措施不放过）的原则。

（6）定期进行机械设备安全检查，发现隐患及时整改落实。做好维修保养、交接班记录等管理工作。经常教育和检查操作人员遵章守纪情况，参与机械事故的调查处理工作。

（7）建立施工机械安全管理资料档案，完善设备资料（包括图纸、说明书、合格证）。

（8）负责指导生产部门、操作人员对机械设备正确使用、维护管理，督促操作者遵守有关生产设施、工装的使用要求。

（9）负责施工机械设备常规维护保养支出的统计、核算、报批。

（10）参与施工机械设备租赁结算。

（11）负责编制施工机械设备安全、技术管理资料；参与施工机械设备定额的编制。

（12）负责汇总、整理、移交机械设备资料。

第二章 混凝土机械

第一节 概 述

一、混凝土机械的概念及分类

混凝土机械是用机器取代人工把水泥、河沙、碎石、水按照一定的配合比进行搅拌，生产出建筑工程等生产作业活动所需的混凝土的机械设备，常用的设备有混凝土泵车、水泥仓、配料站等。

混凝土机械主要包括混凝土泵车、混凝土泵（拖泵、车载泵）、混凝土搅拌站、混凝土搅拌运输车及布料杆等，其中混凝土泵车和搅拌车所占比重最大。混凝土机械产品类组划分见表 2-1。

表 2-1　　　　　　　　　　混凝土机械产品类组划分

组　　别	产 品 名 称
（1）混凝土搅拌机	1）齿圈锥形反转出料混凝土搅拌机
	2）摩擦锥形反转出料混凝土搅拌机
	3）内燃驱动锥形反转出料混凝土搅拌机
	4）齿圈锥型倾翻出料混凝土搅拌机
	5）摩擦锥型倾翻出料混凝土搅拌机
	6）涡桨式混凝土搅拌机
	7）行星式混凝土搅拌机
	8）单卧轴式机械上料混凝土搅拌机
	9）单卧轴式液压上料混凝土搅拌机
	10）双卧轴式混凝土搅拌机
	11）连续式混凝土搅拌机

续表

组　别	产　品　名　称
（2）混凝土搅拌楼	12）倾翻出料混凝土搅拌楼
	13）涡桨式混凝土搅拌楼
	14）行星式混凝土搅拌楼
	15）单卧轴式混凝土搅拌楼
	16）双卧轴式混凝土搅拌楼
	17）连续式混凝土搅拌楼
（3）混凝土搅拌站	18）锥型反转出料混凝土搅拌站
	19）锥型倾翻出料混凝土搅拌站
	20）涡桨式混凝土搅拌站
	21）行星式混凝土搅拌站
	22）单卧轴式混凝土搅拌站
	23）双卧轴式混凝土搅拌站
	24）连续式混凝土搅拌站
（4）混凝土搅拌运输车	25）汽车式混凝土搅拌运输车
	26）轨道式混凝土搅拌运输车
	27）拖式混凝土搅拌运输车
（5）混凝土泵	28）固定式混凝土泵
	29）拖式混凝土泵
	30）臂架式混凝土泵车
（6）混凝土喷射机	31）缸罐式混凝土喷射机
	32）螺旋式混凝土喷射机
	33）转子式混凝土喷射机
	34）混凝土喷射机械手
	35）混凝土喷射台车
（7）混凝土浇注机	36）轨道式混凝土浇注机
	37）轮胎式混凝土浇注机
	38）固定式混凝土浇注机

组　别	产　品　名　称
（8）混凝土振动机	39）电动软轴行星插入式混凝土振动器
	40）电动软轴偏心插入式混凝土振动器
	41）内燃软轴行星插入式混凝土振动器
	42）电机内装插入式混凝土振动器
	43）平板式混凝土振动器
	44）附着式混凝土振动器
	45）单向振动附着式混凝土振动器
	46）混凝土振动台
	47）混凝土振动梁
（9）混凝土布料杆	48）混凝土布料杆
（10）气卸散装水泥运输车	49）气卸散装水泥运输车
（11）混凝土配料站	50）混凝土配料站
（12）混凝土制品机械	51）混凝土砌块成型机
	52）混凝土空心成型机
	53）混凝土构件成型机
	54）混凝土管件成型机
	55）混凝土构件整型机
	56）模板及配件机械
	57）水泥互成型机

二、混凝土搅拌运输车

1. 概述

混凝土搅拌运输车由汽车底盘和混凝土搅拌运输专用装置组成。我国生产的混凝土搅拌运输车的底盘多采用整车生产厂家提供的二类通用底盘。其专用机构主要包括取力器、搅拌筒前后支架、减速机、液压系统、搅拌筒、操纵机构、清洗系统等。工作原理是，通过取力装置将汽车底盘的动力取出，并驱动液压系统的变量泵，把机械能转化为液压能传给定量电动机，电动机再驱动减速机，由减速机驱动搅拌装置，对混凝土进行搅拌。

2. 结构原理

（1）取力装置。国产混凝土搅拌运输车采用主车发动机取力方式。取力装置的作用是通过操纵取力开关将发动机动力取出，经液压系统驱动搅拌筒，搅拌筒在进料和运输过程中正向旋转，以利于进料和对混凝土进行搅拌，在出料时反向旋转，在工作终结后切断与发动机的动力连接。

（2）液压系统。将经取力器取出的发动机动力转化为液压能（排量和压力），再经马达输出为机械能（转速和扭矩），为搅拌筒转动提供动力。

（3）减速机。将液压系统中马达输出的转速减速后，传给搅拌筒。

（4）操纵机构。

1）控制搅拌筒旋转方向，使之在进料和运输过程中正向旋转，出料时反向旋转。

2）控制搅拌筒的转速。

（5）搅拌装置。搅拌装置主要由搅拌筒及其辅助支撑部件组成。搅拌筒是混凝土的装载容器，转动时混凝土沿叶片的螺旋方向运动，在不断地提升和翻动过程中受到混合和搅拌。在进料及运输过程中，搅拌筒正转，混凝土沿叶片向里运动，出料时，搅拌筒反转，混凝土沿着叶片向外卸出。

叶片是搅拌装置中的主要部件，损坏或严重磨损会导致混凝土搅拌不均匀。另外，叶片的角度如果设计不合理，还会使混凝土出现离析。

（6）清洗系统。清洗系统的主要作用是清洗搅拌筒，有时也用于运输途中进行干料拌筒。清洗系统还对液压系统起冷却作用。

（7）全封闭装置。全封闭装置采用回转密封技术，密封了搅拌车的进出料口，解决了传统搅拌车水分蒸发、砂浆分层、混凝土料撒落、行车安全等问题。

三、混凝土搅拌机

混凝土搅拌机，包括通过轴与传动机构连接的动力机构及由传动机构带动的滚筒，在滚筒筒体上装围绕滚筒筒体设置的齿圈，传动轴上设置与齿圈啮合的齿轮。

按工作性质分间歇式（分批式）和连续式；按搅拌原理分自落式和强制式；按安装方式分固定式和移动式；按出料方式分倾翻式和非倾翻；按拌筒结构形式分梨式、鼓筒式、双锥、圆盘立轴式和圆槽卧轴式等。

另外，搅拌机还分为裂筒式和圆槽式（即卧轴式）搅拌机。

四、混凝土搅拌楼（站）

1. 基本组成

混凝土搅拌楼主要由搅拌主机、物料称量系统、物料输送系统、物料贮存系统和控制系统 5 大系统和其他附属设施组成。混凝土搅拌楼骨料计量与混凝土搅拌站骨料计量相比，减少了四个中间环节，并且是垂直下料计量，节约了计量时间，因此大大提高了生产效率。同型号的情况下，搅拌楼生产效率比搅拌站生产效率提高三分之一。

（1）搅拌主机。搅拌主机按其搅拌方式分为强制式搅拌和自落式搅拌。强制式搅拌机是目前国内外搅拌站使用的主流，它可以搅拌流动性、半干硬性和干硬性等多种混凝土。自落式搅拌主机主要搅拌流动性混凝土，目前在搅拌站中很少使用。

强制式搅拌机按结构形式分为主轴行星搅拌机、单卧轴搅拌机和双卧轴搅拌机。而其中尤以双卧轴强制式搅拌机的综合使用性能最好。

（2）物料称量系统。物料称量系统是影响混凝土质量和混凝土生产成本的关键部件，主要分为骨料称量、粉料称量和液体称量三部分。一般情况下，$20m^3/h$ 以下的搅拌站采用叠加称量方式，即骨料（砂、石）用一把秤，水泥和粉煤灰用一把秤，水和液体外加剂分别称量，然后将液体外加剂投放到水称斗内预先混合。而在 $50m^3/h$ 以上的搅拌站中，多采用各种物料独立称量的方式，所有称量都采用电子秤及微机控制。骨料称量精度 ±2%，水泥、粉料、水及外加剂的称量精度均达到±1%。

（3）物料输送系统。物料输送由三个部分组成。① 骨料输送：目前搅拌站输送有料斗输送和皮带输送两种方式。料斗输送的优点是占地面积小、结构简单。皮带输送的优点是输送距离远、效率高、故障率低。皮带输送主要适用于有骨料暂存仓的搅拌站，从而提高搅拌站的生产率。② 粉料输送：混凝土可用的粉料主要是水泥、粉煤灰和矿粉。目前普遍采用的粉料输送方式是螺旋输送机输送，大型搅拌楼有采用气动输送和刮板输送的。螺旋输送的优点是结构简单、成本低、使用可靠。③ 液体输送：主要指水和液体外加剂，它们分别由水泵输送。

（4）物料储存系统。混凝土可用的物料储存方式基本相同。骨料露天堆放（也有城市大型商品混凝土搅拌站用封闭料仓）；粉料用全封闭钢结构筒仓储存；外加剂用钢结构容器储存。

（5）控制系统。搅拌站的控制系统是整套设备的中枢神经。控制系统根据用户不同要求和搅拌站的大小而有不同的功能和配制，一般情况下施工现场可用的小型搅拌站控制系统简单一些，而大型搅拌站的系统相对复杂一些。

（6）外配套设备。水路、气路、料仓等。

2. 基本型号

搅拌站的规格大小是按其每小时的理论生产能力来命名的，目前我国常用的规格有 HZS25、HZS35、HZS50、HZS60、HZS75、HZS90、HZS120、HZS150、HZS180、HZS240 等。如：HZS25 是指每小时生产能力为 25m^3 的搅拌站，主机为双卧轴强制搅拌机。若是主机用单卧轴则型号为 HZD25。

搅拌站有可分为单机站和双机站，顾名思义，单机站即每个搅拌站有一个搅拌主机，双机站有两个搅拌主机，每个搅拌主机对应一个出料口，所以双机搅拌站是单机搅拌站生产能力的 2 倍，双机搅拌站命名方式是 2HZS××，比如 2HZS25 指搅拌能力为 2×25m^3/h=50m^3/h 的双机搅拌站。

3. 工作原理

混凝土搅拌站分为砂石给料、粉料（水泥、粉煤灰、膨胀剂等）给料、水与外加剂给料、传输搅拌与存储四个部分。搅拌机控制系统通上电后，进入人机对话的操作界面，系统进行初始化处理，其中包括配方号、混凝土等级、坍落度、生产方量等。根据称重对各料仓、计量斗进行检测，输出料空或料满信号，提示操作人员确定是否启动搅拌控制程序。启动砂、石皮带电动机进料到计量斗；打开粉煤灰、水泥罐的蝶阀，启动螺旋机电动机输送粉煤灰、水泥到计量斗；开启水仓和外加剂池的控制阀，使水和外加剂流入计量斗。计量满足设定要求后开启计量斗斗门，配料进入已启动的搅拌机内搅拌混合，到设定的时间打开搅拌机门，混凝土进入已接料的搅拌车内。

五、混凝土泵车

1. 概述

混凝土泵车也称臂架式混凝土泵车，其型式定义：将混凝土泵和液压折叠式臂架都安装在汽车或拖挂车底盘上，并沿臂架铺设输送管道，最终通过末端软管输出混凝土的机器。由于臂架具有变幅、折叠和回转功能，可以在臂架所能及的范围内布料。

混凝土泵车可以一次同时完成现场混凝土的输送和布料作业，具有泵送性能好、布料范围广、能自行行走、机动灵活和转移方便等特点。尤其是在基础、低层施工及需频繁转移工地时，使用混凝土泵车更能显示其优越性。采用它施工方便，在臂架活动范围内可任意改变混凝土浇筑位置，不需在现场临时铺设管道，可节省辅助时间，提高工效。特别适用于混凝土浇筑需求量大、超大体积及超厚基础混凝土的一次浇筑和质量要求高的工程，目前地下基础的混凝土浇筑有 80% 是由混凝土泵车来完成的。

2. 混凝土泵车的分类

（1）混凝土泵车的臂架高度是指臂架完全展开后，地面与臂架顶端之间的最大垂直距离。其主参数为臂架高度和理论输送量。臂架高度和理论输送量已系列化。

（2）按其臂架高度可分为短臂架（13～28m）、长臂架（31～47m）、超长臂架（51～62m）。

（3）按其理论输送量可分为小型（44～87m³/h）、中型（90～130m³/h）、大型（150～204m³/h）。

（4）按工作时混凝土泵出口的混凝土压力，即泵送混凝土压力可分为低压（2.5～5.0MPa）、中压（6.1～8.5MPa）、高压（10.0～18.0MPa）和超高压（22.0MPa）。

（5）按臂架节数可分为 2、3、4、5 节臂。

（6）按其驱动方式可分为汽车发动机驱动、拖挂车发动机驱动和单独发动机驱动。

（7）按臂架折叠方式可分为 Z 形折叠、卷折式。

3. 混凝土泵车的主要结构及其特点

混凝土泵车由混凝土泵、搅动器、隔筛、臂架、臂架管道、末端软管、分配阀、专用汽车底盘、取力装置（PTO）、操纵系统、液压系统和电气系统等组成。

（1）混凝土泵车的泵送机构是通过分配阀的转换来完成混凝土的吸入与排出动作的。因此分配阀是混凝土泵车的关键部件之一，其型式直接影响到混凝土泵车的性能，其结构特点请参照混凝土泵的分配阀的结构。

（2）臂架为箱形截面结构，由 2～5 节铰接而成。

（3）取力装置。混凝土泵车的动力一般来自汽车发动机，通过液压系统进行驱动运转。当混凝土泵车作业时，发动机通过变速箱和取力装置驱动液压泵工作。这套取力装置一般由汽车制造商按混凝土泵车的技术要求改装而成。主液压泵、搅拌泵及臂架泵由同一轮驱动，可简化取力装置的结构。

（4）液压系统。由泵送（包括换向）、臂架、支腿、搅拌（包括冷却）和水洗等部分的液压系统组成。

4. 混凝土泵车选型

（1）混凝土泵车的选型。应根据混凝土工程对象、特点、要求的最大输送量、最大输送距离、混凝土浇筑计划、混凝土泵形式以及具体条件进行综合考虑。

（2）混凝土泵车的性能随机型而异，选用机型时除考虑混凝土浇筑量以外，还应考虑建筑的类型和结构、施工技术要求、现场条件和周围环境等。通常，选用的混凝土泵车的主要性能参数应与施工需要相符或稍大，若能力过大，则利用率低；过小，不仅满足不了施工要求，还会加速混凝土泵车的损耗。

（3）由于混凝土泵车具有灵活性，而且臂架高度越高，浇筑高度和布料半径就越大，施工适应性也越强，放在施工中应尽量选用高臂架混凝土泵车。臂架长度 28～36m 的混凝土泵车是市场上量大面广的产品，约占 75%。长臂架混凝土泵车将成为施工中的主要机型。

（4）年产 10 万～15 万 m^3 的混凝土搅拌站，需装备 2～3 辆混凝土泵车。

（5）所用混凝土泵车的数量，可根据混凝土浇筑量、单机的实际输送量和施工作业时间进行计算。对那些一次性混凝土浇筑量很大的混凝土泵送施工工程，除根据计算确定外，宜有一定的备用量。

（6）由于混凝土泵车受汽车底盘承载能力的限制，臂架高度超过 42m 时造价增长幅度很大，且受施工现场空间的限制，故一般很少选用。

（7）混凝土泵车的产品性能在选型时应坚持高起点。若选用价值高的混凝土泵车，则对其产品的标准要求也必须提高。对产品主要组成部分的质量，从内在质量到外观质量都要与整车的高价值相适应。

（8）混凝土泵车采用全液压技术，因此要考虑所用的液压技术是否先进，液压元件质量如何。因其动力来源于发动机，而一般泵车采用的是汽车底盘上的发动机，因此除考虑发动机性能与质量外，还要考虑汽车底盘的性能、承载能力及质量等。

（9）混凝土泵车上的操作控制系统设有手动、有线以及无线控制方式，有线控制方便灵活，无线遥控可远距离操作，一旦电路失灵，可采用手动操纵方式。

（10）混凝土泵车作为特种车辆，因其特殊的功能，对安全性、机械性能、生产厂家的售后服务和配件供应均应提出要求。否则一旦发生意外，不但影响施工进度，还将产生不可想象的后果。

六、混凝土喷射机

1. 喷射机概述

混凝土喷射机是一种气力输送装置，借助压缩空气对混凝土进行输送，在其输出口处使喷料形成 80～100m/s 的射流，可以使混凝土产生较好的喷敷效果。

分干式（PZ 型）喷射机和湿式（SP 型）喷射机两类，前者由气力输送干拌搅拌，在喷嘴处与压力水混合后喷出；后者由气力或混凝土泵输送混凝土混合物经喷嘴喷出。广泛用于地下工程、水电工程、井巷、隧道、涵洞等喷射混凝土施工作业。

2. 分类及构成

（1）按混凝土拌和料的加水方法不同，可分为干式、湿式和介于两者之间的半湿式三种。

1）干式。按一定比例的水泥及骨料，搅拌均匀后，经压缩空气吹送到喷嘴和来自压力水箱的压力水混合后喷出。这种方式施工方法简单，速度快，但粉尘太大，喷出料回弹量损失较大，且要用高标号水泥。国内生产的大多为干式。

干式机根据结构不同，可分为双罐式混凝土干式喷射机、螺旋式混凝土干式喷射机、转子式混凝土干式喷射机和鼓轮式混凝土干式喷射机等。

2）湿式。进入喷射机的是已加水的混凝土拌和料。因而喷射中粉尘含量低，回弹量也减少，是理想的喷射方式。但是湿料易于在料管路中凝结，造成堵塞，清洗麻烦，因而未能推广使用。

3）半湿式。也称潮式，即混凝土拌和料为含水率 5%～8% 的潮料（按体积计），这种料喷射时粉尘减少，由于比湿料粘接性小，不粘罐，是干式和湿式的改良方式。

（2）按喷射机结构型式可分为缸罐式、螺旋式、转子式及鼓轮式四种。

1）缸罐式。缸罐式喷射机坚固耐用。但机体过重，上、下钟形阀的启闭需手工繁重操作，劳动强度大，且易造成堵管，故已逐步淘汰。

双罐式由上罐储料室、下罐给料器、给料叶轮、钟形门、压缩空气管路、电动机等组成。关闭上、下罐间的下钟形门，向下罐中通入压缩空气。经给料叶轮将干拌和料连续均匀地送至出料口，由压缩空气沿输送管吹送至喷嘴。

2）螺旋式。螺旋式喷射机结构简单、体积小、质量小、机动性能好。但输送距离超过 30m 时容易返风，生产率低且不稳定，只适用于小型巷道的喷射支护。

螺旋式由螺旋喂料器将料斗卸下的干拌和料均匀地推送至吹送室，罐内装搅拌好的混凝土。然后由螺旋喂料器空心轴和吹送管引入的压缩空气将干拌和料沿输送管吹送至喷嘴。

3）转子式。转子式喷射机具有生产能力大、输送距离远、出料连续稳定、上料高度低、操作方便，适合机械化配套作业等优点，并可用于干喷、半湿喷和湿喷等多种喷射方式,是一种广泛应用的机型。

转子式:在立式转子上开有许多料孔。转子在转动过程中,当料孔对准上料斗的卸料口时,就向料孔加料;当料孔对准上吹风口,压缩空气就将干拌和料沿输送管吹至喷嘴。

混凝土湿喷机目前的主导机型是转子式,其工作原理:电动机通过联轴器,驱动减速器,减速器的输送轴带动转子旋转,又带动料斗上的拔料器旋转,混凝土拌和料进过料斗落入旋转的转子料腔内,转子转过 180° 后压缩空气与料腔进风口相通,在压缩空气的作用下,物料通过出料转头和输料管被送进喷嘴,并在喷嘴处加水喷射出去。

4)鼓轮式。在圆形鼓轮圆周上均布 8 个 V 形槽。鼓轮低速回转,料斗中的干拌和料经条筛落入 V 形槽,当充满拌和料的 V 形槽转至下方时,拌和料进入吹送室,由此被压缩空气沿输送管吹送至喷嘴。

七、混凝土浇注机

混凝土浇注机的用途是用于对生产原料进行搅拌,使之均匀混合,充分反应,并及时将混合料浆注入模框内。

混凝土浇注机结构特点:加气混凝土浇注机采用螺旋桨式搅拌,在罐内形成很强的涡流,破坏生石灰颗粒的包膜,使之充分均匀地混合,同时可升降的浇注臂随浇注过程调整高度,防止飞溅。本机分固定式和移动式配合浆料,定量浇注在模具上。

第二节 使 用 维 护 保 养

一、混凝土搅拌机的使用维护保养

1. 混凝土搅拌机操作规程

(1)搅拌前应空车试运转。

(2)根据搅拌时间调整时间继电器定时,注意在断电情况下调整。

(3)水湿润搅拌筒和叶片及场地。

(4)过程如发生电器或机械故障应卸出部分拌和料,减轻负荷,排除故障后再开车运转。

(5)使用时,应经常检查,防止发生触电和机械伤人等安全事故。

（6）试验完毕，关闭电源，清理搅拌筒及场地，打扫卫生。

2. 注意事项

（1）混凝土搅拌机应设置在平坦的位置，用方木垫起前后轮轴，使轮胎搁高架空，以免在开动时发生走动。

（2）混凝土搅拌机应实施二级剩余电量动作保护，上班前电源接通后，必须仔细检查，经空车试转认为合格，方可使用。试运转时应检验拌筒转速是否合适，一般情况下，空车速度比重车（装料后）稍快 2～3 转，如相差较多，应调整动轮与传动轮的比例。

（3）拌筒的旋转方向应符合箭头指示方向，如不符，应更正电动机的接线。

（4）检查传动离合器和制动器是否灵活可靠，钢丝绳有无损坏，轨道滑轮是否良好，周围有无障碍物及各部位的润滑情况等。

（5）开机后，经常注意混凝土搅拌机各部件的运转是否正常。停机时，经常检查混凝土搅拌机叶片是否打弯，螺丝有无打落或松动。

（6）当混凝土搅拌完毕或预计停歇 1h 以上，除将余料出净外，应用石子和清水倒入抖筒内，开机转动，把粘在料筒上的砂浆冲洗干净后全部卸出。料筒内不得有积水，以免料筒和叶片生锈。同时还应清理搅拌筒外积灰，使机械保持清洁完好。

（7）下班后及停机不用时，应拉闸断电，并锁好开关箱，以确保安全。

3. 清洗注意事项

在对混凝土搅拌机进行清洗时应注意以下事项：

（1）定期进行保养规程所规定项目的维护、保养作业，如清洗、润滑、加油等。

（2）混凝土搅拌机开动前要先检查各控制器是否良好，停工后用水和石子倒入搅拌筒内 10～15min 进行清洗，再将水和石子清出。操作人员如需进入搅拌筒内清洗时，除切断电源和卸下熔断器外，并须锁好开关箱。

（3）禁止用大锤敲打的方法清除积存在混凝土搅拌机筒内的混凝土，只能用凿子清除。

（4）在严寒季节，工作完毕应用水清洗搅拌机滚筒并将水泵、水箱、水管内积水放净，以免水泵、水箱、水管等冻坏。

4. 操作步骤及注意事项

（1）将立柱上的功能切换开关拨到"自动"位置，按下控制器上的启动开关，整个运行程序将自行自动控制运行。

（2）全过程运行完毕后自动停止，在运行过程中如需中途停机，可按下"停止"按钮，然后可重新启动。

（3）按下"启动"按钮后，显示屏即开始显示时间、慢速、加砂、快速、停止、快速、运行指示灯按时闪亮。

（4）自动控制时，必须把手动功能的开关全部拨到停的位置。

（5）用测量规检测叶片与锅壁之间的间隙应为 3mm±2mm，若间隙超过误差范围时，可调节叶片的上下位置来达到规定范围。

（6）每次使用后对搅拌叶、锅应及时清理干净，电器部分应避免剧烈震动，远离水和高温，注意防尘。

二、混凝土搅拌楼（站）

1. 日常维护保养

（1）保证机器及周围环境的清洁。

（2）及时清除料斗内的积料，使传感器正常回零。

（3）检查各润滑点的润滑油是否足够，气路系统中的油雾器应保持有足够的油量。

（4）检查各电动机、电器有无过热现象、异常噪声，仪表指示是否正常，信号系统是否完好。

（5）经常检查、调整汽缸、蝶阀和电磁气阀等，使开启和关闭符合要求。

（6）经常检查各系统，如有漏灰、漏气、漏油和漏电等现象要及时处理。

（7）搅拌机及出料斗应每 4 小时清洗一次，以免残留混凝土固结，妨碍正常运行。

（8）每班应放掉空气压缩机、储气罐和过滤器等内部积水，并排除运行中出现的故障。

（9）蝶阀、搅拌机、电磁气阀、空气过滤器及油雾器等按照有关说明书进行维护保养。

2. 骨料供系统保养

（1）每班工作前必须进行皮带输送机空载检查，清理杂物、泥土等，紧固各部位螺丝，调整皮带以防跑偏现象，各转动部位应转动灵活。

（2）电动滚筒按使用说明书要求定期换油。

（3）使用 6 个月后检查和补足各转动零部件轴承处润滑油脂，以后每年进行一次全面拆卸换油。

（4）清扫器经常检查调整刮皮贴近皮带位置，确保清料正常。

3. 计量系统保养

（1）每班必须检查调整计量斗各软接口，保持长度上有松动，确保计量精度。

（2）冬季停机后，应将供水系统、外加剂供给的存水全部排尽。

（3）外加剂泵如季节性停用必须进行反冲洗，以防止管路和泵内添加剂沉淀积粘或不出溶剂。

4. 搅拌系统保养

（1）每班检查轴端密封腔、分配器进出口和密封管路是否畅通，是否充满润滑脂，各润滑点及减速箱体是否有足够的润滑油（脂）。

（2）每班观察电动润滑泵储油筒内的油脂是否用完，接近用完要及时加满，不允许无油运行。

（3）每班工作交班必须全面清理搅拌筒内外、卸料门等处的积料，并用水冲洗干净，冲洗不净的黏接料要定期凿掉。

（4）每周必须将搅拌叶片调整紧固一次，以防止叶片脱落造成事故。

5. 粉料输送系统保养

（1）每周必须将水泥仓顶除尘装置中的振动器振动多次，将除尘袋（滤棒）上粘灰清掉，确保跑气畅通。

（2）进料口输送管内壁、螺旋输送机出料口每周必须全面清理一次，防止发生硬结块、杂物堵卡和出料不足故障。

（3）较长时间不使用需放空螺旋机内的水泥。

（4）螺旋输送机头部外球轴承处、中部支承轴承处每 4h 必须注润滑脂一次（WAM 螺旋机无需注脂），尾部变速箱第一次换油时间为工作 500h，以后每年更换一次润滑脂（00 号锂基脂）。

6. 气路系统保养

（1）空气压缩机的维护保养。空气压缩机是气源装置的主体，在气路系统中具有十分重要的作用。因此，在使用中要做好如下几方面的工作。

1）使用前注意事项：

a. 空气压缩机应水平放置、固定，通风良好。

b. 不能经受风吹雨淋，也不能暴晒在阳光下。

c. 调整好空气压力自动开关的上下限值，压力过低会导致汽缸动作迟缓，压力过高对气路系统密封件不利。

d. 检查润滑油的油位，保持油面在油尺上下线之间，油面接近下线时，添加新油。

e. 检查传送带张力是否合适，当用手指压皮带，皮带下陷 10mm 左右为宜；更换传送带时应整组更换，以保持张紧度一致。

2）运行中的注意事项：工作中，操作人员应经常观察空气压缩机的工作压力，不允许超过额定值。检查有无漏油、漏气现象，有无异响，若发现异常现象，应立即停机检查。

3）维护保养：

a. 及时排放冷凝水，停机后打开储气罐下面的排污阀，放掉冷凝水。

b. 定期更换润滑油，一般根据空气压缩机的运转时间确定，每运行 1000h 或 4 个月更换新油。

c. 定期清洗空气滤清器滤芯，因为滤芯过脏导致进入压缩机汽缸内的空气含尘过多，加速汽缸和活塞环的磨损，并且易形成积碳影响气阀的密封性；严重时还会引起拉缸、窜气，造成润滑油的污染，影响润滑效果；窜气时，还会产生上油现象，汽缸壁和活塞环的间隙过大，被污染的润滑油会窜入压缩室内并形成油雾，从而污染压缩空气。

d. 纸质滤芯的清洗，用压缩空气由内向外吹净；若为海绵填充滤芯，用去污剂清洗风干。

（2）汽缸的使用和维护。汽缸的功能是将压缩空气的压力能转换为机械能。正常情况下，汽缸应随电磁阀电源的通断开关迅速到位；由于汽缸活塞反复运动，因此对缸壁及活塞进行润滑十分重要。一般通过油雾器，使润滑油雾化后注入空气流中，并随空气进入润滑部位，达到润滑的目的。工作过程中，出现接近油雾器的汽缸润滑效果好，远离油雾器的汽缸润滑效果差的现象。这种情况在骨料仓的汽缸上表现特别明显。解决办法：在骨料仓气路中间增设一个油雾器。对于活塞杆可涂抹一层黄油以防锈蚀。汽缸易出现的故障是漏气，有内漏和外漏两种漏气，内漏是指汽缸活塞组件磨损严重，造成那个活塞前后窜气，影响汽缸动作的快慢，严重时造成开关不到位；外漏是指活塞杆与汽缸接触的端部密封件磨损严重而漏气，造成活塞杆回复速度慢，甚至回复不到位。

（3）电磁阀的使用和维护。电磁阀的功能是调节压缩空气的压力、流量和流动方向。利用电磁阀可以组成各种气路，使气动执行元件按设计的程序正常工作。电磁阀常见故障是漏气，表现为电磁阀在不工作的情况下（气压在标准范围内），在进气口一侧的两个排气口有漏气现象。修理的方法是将电磁阀解体，用干净的柴油把各零件清洗干净，用干净的棉纱擦干并在其表面涂少量机油；若阀内活塞杆磨损严重或密封圈破损，应更换新件。

（4）油水分离器和油雾器的使用和维护。从气源装置中输出的、得到初步净化的压缩空气，一般还需要经过气动辅助元件（如油水分离器、调压阀、油雾器等）后再进入气动设备。油水分离器的作用是滤除压缩空气中的水分、微粒灰尘。因此，对于水杯中的污水要通过手动排气阀及时排放；油雾器是一种特殊的注油装置，其作用是使润滑油雾化后注入空气流中，并随空气进入需要润滑的部位。油雾器中润滑油选用普通柴油机机油。储油杯内机油要及时更换，储油杯的容量按 100mL 计算，使用 100h 为宜。调压阀的作用是使其输出压力与每台气动设备和装置的实际需要的压力相一致，并保持该压力值的稳定。

三、混凝土泵车的使用

混凝土泵车已在混凝土浇筑施工中推广使用，该设备技术的先进性和维修保养的复杂性决定了对它的使用、维护和管理人员需提出较高的要求。为了确保混凝土泵车在工作时能达到规定的技术状态、降低维修成本、提高使用的可靠性和寿命、必须认真执行其使用的操作规程。其使用要点如下。

（1）混凝土泵车的操作人员需经专业培训后方可上岗操作。

（2）所泵送的混凝土应满足混凝土泵车的可泵性要求。

（3）混凝土泵车泵送工作要点可参照混凝土泵的使用。

（4）整机水平放置时所允许的最大倾斜角为 3°，更大的水平倾斜角会使布料的转向齿轮超载，并危及机器的稳定性。如果布料杆在移动时其中的某一个支腿或几个支腿曾经离过地，就必须重新设定支腿，直至所有的支腿都能始终可靠地支撑在地面上。

（5）为保证布料杆泵送工作处于最佳状态，应做到：① 将 1 节臂提起 45°。② 将布料杆回转 180°。③ 将 2 节臂伸展 90°。④ 伸展 3、4、5 节臂，并使其呈水平位置。若最后一节布料杆能处于水平位置，对泵送来说是最理想的。如果这节布料杆的位置呈水平状态，那么混凝土的流动速度就会放慢，从而可减少输送管道和末端软管的磨损，当泵送停止时，只有末端软管内的混凝土才会流出来。如果最后一节布料杆呈向下倾斜状态，那么在这部分输送管道内的混凝土就会在自重作用下加速流动，以致在泵送停止时输送管道内的混凝土还会继续流出。

（6）泵送停止 5min 以上时，必须将末端软管内的混凝土排出。否则由于末端软管内的混凝土脱水，再次泵送作业时混凝土就会猛烈地喷出，向四处喷溅，那样末端软管很容易受损。

（7）为了改变臂架或混凝土泵车的位置而需要折叠、伸展或收回布料杆时，要先反泵1～2次后再动作，这样可放置在动作时输送管道内的混凝土落下或喷溅。

四、喷射机的使用

（1）喷射机应采用干喷作业，应按出厂说明书规定的配合比配料，风源应是符合要求的稳压源，电源、水源、加料设备等均应配套。

（2）管道安装应正确，连接处应紧固密封。当管道通过道路时，应设置在地槽内并加盖保护。

（3）喷射机内部应保持干燥和清洁，加入的干料配合比及潮润程序，应符合喷射机性能要求，不得使用结块的水泥和未经筛选的砂石。

（4）作业前重点检查项目应符合下列要求：

1）安全阀灵敏、可靠。

2）电源线无破裂现象，接线牢靠。

3）各部密封件密封良好，对橡胶结合板和旋转板出现的明显沟槽及时修复。

4）压力表指针在上、下限之间，根据输送距离，调整上限压力的极限值。

5）喷枪水环（包括双水环）的孔眼畅通。

（5）启动前，应先接通风、水、电，开启进气阀逐步达到额定压力，再启动电动机空载运转，确认一切正常后，方可投料作业。

（6）机械操作和喷射操作人员应有联系信号，送风、加料、停料、停风以及发生堵塞时，应及时联系，密切配合。

（7）在喷嘴前方严禁站人，操作人员应始终站在已喷射过的混凝土支护面以内。

（8）作业中，当暂停时间超过1h时，应将仓内及输料管内的干混合料全部喷出。

（9）发生堵管时，应先停止喂料，对堵塞部位进行敲击，迫使物料松散，然后用压缩空气吹通。此时，操作人员应紧握喷嘴，严禁甩动管道伤人。当管道中有压力时，不得拆卸管接头。

（10）转移作业面时，供风、供水系统应随之移动，输料软管不得随地拖拉和折弯。

（11）停机时，应先停止加料，然后再关闭电动机和停送压缩空气。

（12）作业后，应将仓内和输料软管内的干混合料全部喷出，并应将喷嘴拆下清洗干净，清除机身内外黏附的混凝土料及杂物。同时应清理输料管，并应使密封件处于放松状态。

五、混凝土浇注机的保养

（1）检查主柴油机油面与水面。

（2）检查发电机油面与水面。

（3）检查液压油箱油位。

检查液压油箱油面高度需在液压系统完全卸荷 5min 后观察油位，使油有充分的时间流回油箱。当油面低于油位指示时，需补充液压油。补充液压油型号为长城卓力 46 号液压油。

（4）检查设备外观。检查设备有无明显变形和裂纹，若有，应立即停止设备，并仔细查看设备损坏情况，检查架体的连接螺栓，发现松动及时紧固。

（5）检查管路泄漏。重点检查管接头部位是否有泄漏。

（6）检查轮胎气压。目测检查轮胎变形情况，重新打气。

（7）更换液压油。

（8）更换液压油滤和空滤。

（9）更换轴承。更换滑轮轴承、小车行走轮轴承。

（10）更换链条。更换拉动小车的链条，更换后调整小车上的链条拉紧装置，保证链条处于拉紧状态。

（11）补注润滑脂。各机构的传动部件应定期补注润滑脂。

（12）焊缝进行检查。对结构件焊缝经常检查，发现开焊及时补焊。

（13）更换滑轮。检查滑轮的磨损情况，必要时更换。

（14）更换钢丝绳。经常检查起重钢丝绳及滑轮的磨损情况，发现钢丝绳损坏应及时更换。

第三节　常见故障处理

一、液压系统故障分析方法

1. 逻辑分析，逐步靠近，先易后难

应重点考察系统中一个动作的完成需要具备哪些条件，哪些条件被证实已经具备，哪些条件有可能没有具备，据此判断故障所在。逻辑性包括液压设备的某一功能实现过程中从最初发出动作信号到最后执行元件动作完成所涉及的每一环节，各环节在工作过程中的状态，以及该环节所能输出的物理量和所需的信息以及输入条件。

2. 混凝土泵车泵送部分液压系统的故障诊断

（1）感觉诊断法。液压系统故障的诊断方法很多，对于一些较为简单的故障，可以通过眼看、手摸、耳听和嗅闻等手段对零部件进行检查。包括：① 视觉诊断法；② 听觉诊断法；③ 触觉诊断法；④ 嗅觉诊断法。

（2）仪表测量检查法。仪表测量检查法就是借助对液压系统各部分液压油的压力、流量和油温的测量来判断该系统的故障点。

（3）精密诊断法。精密诊断法是尽量在简易诊断方法的基础上对一些疑难问题通过采用一些现代化的诊断仪器设备以及电子计算机系统等来对这些问题进行进一步地诊断、分析。

（4）基于信号处理与建模分析法。

在液压系统中，有些故障用简单的方法是无法将系统的故障分析出来的，需要对所采集的信号进行分析和处理，将故障的特征找出来。基于信号处理与建模分析法的实质是以传感器技术和动态测试技术为手段，以信号处理和建模为基础的诊断技术。下面介绍几种基于信号处理与建模分析法。

1）摆缸内泄系数法分析。将左右摆缸的相关系数提取出来，通过信号分析的方法，就可以确定出摆缸内泄和相关系数之间的关系，如图 2-1 所示，如果系数小于 1 就说明摆缸有内泄现象。

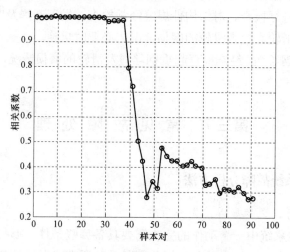

图 2-1　左右摆缸压力相关系数

2）霍尔传感器监测法分析。霍尔传感器安装在泵上监测主油泵的转速。因霍尔传感器具有无触点、长寿命、高可靠性、无火花、无自激振荡、温度性能好、抗污染能力强、构造简单、体积小、耐冲击等优点，所以选用霍尔效应接近式传感器作为泵转速传感器。实验结果见表2-2。

表2-2　　　　　　　　　　实　验　结　果

N（r/min）	T（ms）	F'（Hz）	N'（r/min）	δ（%）
1180	48	20.8	1250	5.9
2150	26	38	2282	6.1

其中，N为液压主油泵试验转速；F'为示波器上方形波频率值，$F'=1/T$；T为示波器上的周期值；N'为理论转速值，$N'=60F'$；N'为主油泵理论转速值；δ为转速误差值，其中$\delta=\Delta N/N=(N'-N)/N$。根据实验结果误差分析如下：

$$\delta_1=\Delta N_1/N_1=[(1250-1180)/1180]\times100\%=5.9\%$$

$$\delta_2=\Delta N_2/N_2=[(2282-2150)/2150]\times100\%=6.1\%$$

若转速的误差超出5%，则说明该液压主油泵性能不稳定。

3）信号监测参数的参量法分析。参量法是最简单、最直观、最有效的液压故障诊断方法之一。判断一个液压系统是否正常工作的一个有效途径是对液压元件的一些参数进行测量。通过对参数值读取、比较，可将系统的故障锁定在一个较小的范围内。

正常工作时，这些参数值都工作在设计和设定值附近。当液压系统发生故障时，必然是系统中某一元件或某些元件发生了故障，就会导致回路中的一点或几点的参数值偏离了正常值。由这些参数我们能很快找出故障的原因，提高诊断的准确性。

监测各个参量的测试仪器常用的有压电式压力传感器和涡轮流量计。以压力和流量作为诊断参数的方式有：① 考察液压元件中的压力和流量的平均值；② 考察压力和流量的瞬态值（即压力脉动和流量脉动）。而压力脉动和流量脉动能从微观上反映液压元件的工作状态，对故障比较敏感。

二、混凝土机械常见故障

1. 主油缸活塞不动作

（1）泵送启动按钮故障，接头松动，线路断开，以及电器元件潮湿等故障。

（2）溢流阀故障。

（3）电液换向阀故障，一般为先导阀芯卡死或者电磁铁烧坏。

（4）液压阀控制压力过低。

措施：如果出现乱打现象那就是滑阀出现故障需要对相关机械部分进行清理。如果滑杆、滑杆密封装置出现机械故障，应该先检查滑杆周围间隙是否有泥浆、石块、滑阀各润滑点是否在正常供脂。排除这些易见故障之后仍然有问题就要对回路系统进行检查和处理。

2. 主油缸不换向

（1）控制自动泵送的液动换向阀阀芯卡死。

（2）液动换向阀的液控由路上的节流孔堵塞。

3. 主油缸活塞运行缓慢

原因：① 单向阀磨损严重；② 减压阀处的压力不正常；③ 液压油缺损（滤芯不通畅）；④ 油路节流塞不畅通；⑤ 电液换向阀阀芯动作失常；⑥ 高层泵送时没有及时补充所需要的油造成油的压力不足。

措施：检查相关阀体、阀芯有没有卡死、磨损严重及时维修或更换；调整减压阀控制压力达到标准；液压油不够时及时补油。

4. S 管不摆动

（1）分配阀点动按钮故障或者接线脱落。

（2）液动换向阀先导阀芯卡死。

（3）先导溢流阀故障使换向压力不够。

（4）恒压泵故障，使换向压力达不到要求。

5. S 管摆动无力

（1）蓄能器内压力不足或皮囊破损。蓄能器的主要作用是用来补充 S 管分配阀摆动时所需的能量，使 S 管分配阀的摆动得以在瞬间完成。其主要故障形式有蓄能器皮囊内气压不够或皮囊破损，造成 S 管分配阀摆动无力或摆不动。蓄能器充气及压力检查方法：

1）先拆掉蓄能器进气阀外罩螺栓帽，然后用内六角扳手轻微松动一下蓄能器进气阀，将心用氮气表接在该阀上，氮气表上的气管接氮气瓶。注意，氮气表上的六角扳手与蓄能器六角螺帽相对。

2）检查氮气瓶压力和蓄能器压力：关闭表排气阀，旋开氮气瓶气阀，打开表充气阀，若表显示的氮气瓶压力超过 8MPa，即可用；之后，关闭氮气瓶气阀，旋开表排气阀，放掉充气管中的氮气后，旋紧表的排气阀及充气阀；用扳手拧松蓄能器进气阀，这时表即显示出蓄能器的压力。

3）充气：旋开氮气瓶气阀，打开表充气阀给蓄能器充气，当表的压力升到6.5MPa 时，旋紧氮气瓶。如果压力充得过高，可在旋紧氮气瓶后慢慢地松开排气阀给气室放气，当表的压力降到 6.5MPa 时，旋紧排气阀。

4）等 5min 后，检查蓄能器压力是否调整到了标准值。如果达到了，应用扭力扳手以 20N·m 的扭矩拧紧蓄能器进气阀。拆掉气表和管子。检查蓄能器的进气阀是否漏气，如果不漏气，即拧紧外罩螺栓帽。充气完毕。

（2）卸荷开关未关闭。

（3）电液换向阀电磁铁故障或主阀芯弹簧断裂，使主阀芯运行不能到位；电液换向阀主阀芯磨损，产生内泄。

6. 换向阀故障

原因与措施：① 先导阀一旦出了问题会使整个换向系统瘫痪，检查时可打开阀盖，检查阀杆是否运动灵活在阀体内，阀杆下端是否磨损严重，磨损严重时需更换。② 电磁阀故障，电磁阀包括主安全阀电磁阀和顺序阀电磁阀。主安全阀、电磁阀出现故障，会使整个液压系统没有压力或泵送系统不起作用。随着混凝土泵送系统使用时间的增加电磁阀的线圈会出现磁通量下降的现象，造成电磁推力下降，从而使换向迟钝，或者不到位，甚至产生误动作，这就必须要更换对应的电磁阀。

7. 输送管出料异常

出料不连续原因与措施：① 混凝土活塞磨损严重；尽量采用原装活塞或者高抗磨不锈钢材质，例如氮化钢、12CrNi、18CrMnTi、38CrMoAl 等，延长使用时间，减少反复维修或更换次数就是降低成本。② 混凝土属于次品，不能被正常导入；尽量选择优质混凝土。③ 输送管部分堵塞；尽量选用优质混凝土，加强操作工技能培训，规范操作，对堵管情况反映灵敏，能及时采取有效措施避免堵管情况发生。

8. 主油缸行程逐渐变短

该故障主要是密封回路系统发生异常，密封回路的油量减少导致的。

原因与措施：① 行程调整阀有没有关紧，若没有则需要拧紧。② 溢流阀阀芯有没有卡死，若卡死则需要对阀芯表面进行处理。

9. 液压油乳化问题

试验证明，当混入水分占 0.05%～0.1%时，油的透明度便明显变差，形状成混浊状，若混入水分占 0.2%～0.5%时，油变成乳白色。当油中有高温氧化物时，高温氧化物会充当乳化剂，加速油的乳化。

    一台泵车液压油由于人为因素，导致液压油乳化，用户每天工作前放水一次，坚持了约一个月，液压油乳化现象消失。

第三章 桩工机械

第一节 概　述

桩工机械是进行桩基础工程施工的机械设备，是用于各种桩基础、地基改良加固、地下挡土连续墙、地下防渗连续墙施工及其他特殊地基基础等工程施工的机械设备，其作用是将各式桩埋入土中，以提高基础的承载能力。桩基础施工的关键在于成桩。

按施工方法的不同，桩分为预制桩和灌注桩两大类。预制桩施工是将预制好的桩沉入设计要求的深度；灌注桩施工是先在地基上按设计要求的位置、尺寸成孔，然后在孔内置筋、灌注混凝土而成桩。

桩工机械主要有打桩机和钻孔机两类。

一、打桩机

打桩机沉桩方法有打入法、振动法和压入法，前两种应用较广。打桩机由桩锤和桩架两大部分组成。

1. 桩锤

桩锤是打桩机的工作装置，其作用是提供沉桩能量。桩锤可分为落锤、蒸汽锤、柴油锤、液压锤和振动锤，前四种靠打入法沉桩，后一种靠振动法沉桩。桩锤除用于沉预制桩外，还可配以钢桩管，施工沉管灌注桩。

（1）落锤。落锤冲击体靠卷扬机提升，在自重作用下落下施打。其特点是构造简单，费用低廉，生产效率低，贯入能量小，对桩的损伤大。一般锤重为1kN～30kN，每分钟锤击次数小于12次，仅能在小规模的工程中采用。

（2）蒸汽锤。以蒸汽为动力，需配备一套锅炉设备，效率低（一般为2%～3%），使用不方便，曾一度被柴油锤取代。后因大型桩基及打45°斜桩的需要，蒸汽锤又得以发展。它不仅可以向超大型发展，可以打斜桩甚至打水平桩，而且还能水下打桩，可在25%～100%的范围内无级调节冲击能量，对桩的损伤小，工作性能不受土层软硬和工作时间长短的影响，无废气污染。

根据蒸汽对冲击体的作用形式，蒸汽锤分为单动（见图3-1、图3-2）、双动和差动三种形式。

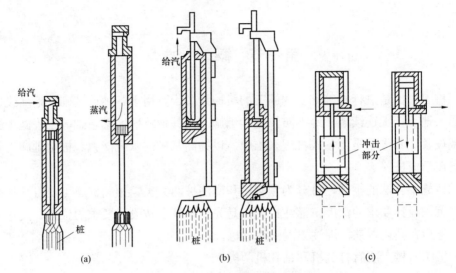

图3-1　单动式蒸汽锤的结构形式

（a）汽缸冲击；（b）空心活塞杠汽缸冲击；（c）活塞冲击

启动时，汽缸落于桩帽上，阀芯处于低位，其中心通道被封闭。蒸汽由进汽口经进排汽管进入汽缸上腔，汽缸在蒸汽压力作用下上升［见图3-1（a）］。当汽缸上升到顶定高度时，弹簧经杠杆作用在阀芯上的力减小到小于阀芯上所受的蒸汽压力时，阀芯便上移，关闭进汽口，打开排汽口，使汽缸上腔经进排汽管和阀芯中心通道与大气连通。汽缸在自重作用下下落冲击桩帽［见图3-1（b）］，其冲击能量经桩帽和桩垫传给桩，使桩克服土的阻力及自身的惯性而下沉。与此同时，阀芯下移至低位，封闭排汽口，打开进汽口，进行下一个循环。

（3）柴油锤。柴油锤是利用柴油燃烧释放的能量提升冲击体进行打桩的。与蒸汽锤比较，柴油锤具有自带动力，使用方便，能耗低，生产效率高，能根据沉桩阻力的大小自动调节冲击力等优点。缺点是噪声大，废气污染严重，在软土及低温条件下启动困难，不能长时间持续工作。因受自重、公害及性能的制约，难以向超大型发展。目前，世界上最大的柴油锤冲击体重力为 150kN，冲击能量为 414kN·m，而最大的蒸汽锤冲击体重力为 1250kN，冲击能量 2187.5kN·m。

早期导杆式柴油锤已被淘汰，从 20 世纪 50 年代末就开始被筒式柴油锤取代了。

1）筒式柴油锤的构造和工作原理。筒式柴油锤主要由锤体、燃油供给系统、润滑系统、冷却系统及起落架等组成，如图 3-3 所示。

a. 锤体。锤体是实现能量转换及打桩的直接部分，它由上汽缸、下汽缸、上活塞（即冲击体）、下活塞及缓冲、导向装置等组成。有些机型为适应打斜桩的需要，在上汽缸顶部还要装一个导向缸。

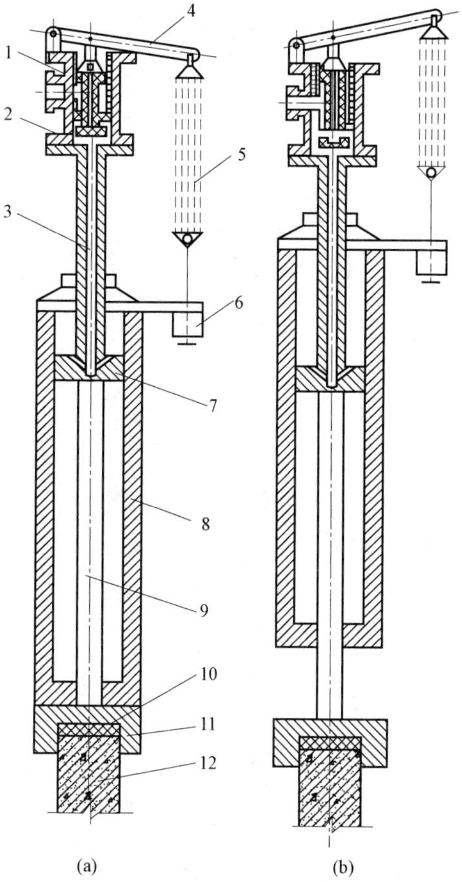

b. 燃油供给系统。由燃油箱、滤油器、输油管及燃油泵等组成。燃油泵多为低压柱塞泵，工作时供给液状柴油，靠上、下活塞的冲击使柴油雾化。这种冲击雾化方式存在雾化不安全，软土启动性能差，不能控制点火时间而影响工作性能等弱点。所以有些机型采用高压雾化供油方式。

c. 润滑系统。其作用是润滑上、下活塞与汽缸体之间的摩擦表面，以减小磨损。

d. 冷却系统。有水冷却与空气冷却两种形式。

图 3-2 单动式蒸汽锤

（a）汽缸上升；（b）汽缸下落

1—配汽阀；2—汽缸上腔；3—上活塞杆；4—杠杆；5—拉簧；6—螺母；7—活塞；8—汽缸；9—下活塞杆；10—桩头；11—桩帽；12—桩

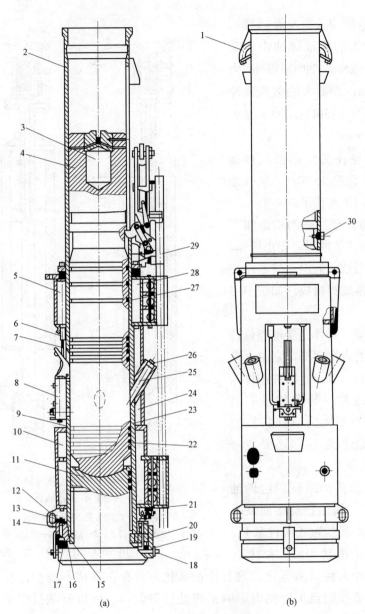

(a) (b)

图 3-3 筒式柴油锤的构造

（a）剖面图；（b）外观图

1—桩锤吊钩；2—上汽缸；3—润滑油室；4—上活塞；5—油箱；6—滤清器；7—油管；8—燃油泵；9—下汽缸；
10—下水箱；11—下活塞；12—锥头螺栓；13—锥形螺母；14—月牙垫；15—半圆铜套；16—连接盘；
17—缓冲垫；18—螺钉；19—连接套；20—卡板；21—润滑油泵；22—活塞环；23—阻挡环；
24—上水箱；25—进排气管；26—盖；27—导向环；28—润滑油箱；29—起落架；30—安全螺钉

2）筒式柴油锤的工作原理。上活塞（冲击体）被起落架提升至一定高度后自动脱钩下落，撞击燃油泵的曲臂，驱动燃油泵的柱塞，将燃油泵入下活塞的球形燃烧室内。上活塞继续下落，封闭进排汽口，压缩空气。当上活塞落至最低点时，冲击下活塞沉桩做功。同时燃油被冲击雾化，与压缩后的高压高温空气混合，瞬间爆发，缸内压力急剧上升，上活塞急速上升，同时使下活塞再度沉桩。上活塞上升时，首先打开进排汽口排出废气，随后脱离燃油泵的曲臂，曲臂在弹簧力作用下复位，并带动燃油泵柱塞上提吸入油。上活塞继续上升时，汽缸产生真空度，外界新鲜空气被吸入汽缸。当上活塞升至最高点后，靠重力下落，开始扫汽、喷油，进行第二个工作循环。若要停锤，只需拉紧油泵曲臂控制索，便可停止供油而熄火停锤，如图3-4所示。

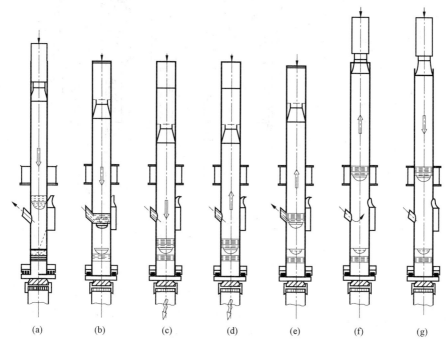

（上活塞下降时）扫气–喷油–压缩（沉桩）–燃烧爆发（沉桩，上活塞上升）–
排气–吸油–吸气（上活塞至最高点）

图3-4　筒式柴油锤的工作原理

（a）扫气；（b）压缩；（c）冲击；（d）燃爆；（e）排气；（f）吸气；（g）降落

（4）液压锤。液压锤是一种较理想的打桩锤。它利用液体压力能驱动冲击体升降。其优点是：冲击力作用时间长，每次冲击的有效贯入能量大，冲击频率高，打桩效率高，适合于打竖桩和各种斜桩，作业时无废气，无噪声、无振动，公害小：如将桩锤密封在机壳内还可用于水下打桩。其不足之处在于结构复杂，价格高。目前，液压锤的应用还不甚广泛，但它是未来发展的方向。如图3-5所示。

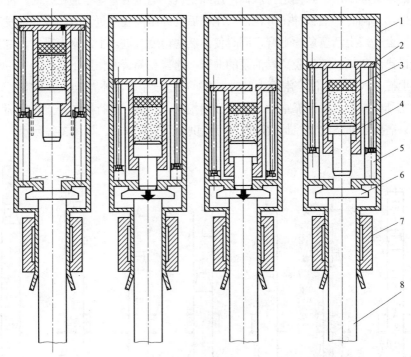

图3-5　液压锤的工作循环（下落-冲击-加压-提升）

1—罩壳；2—冲击缸体；3—浮动活塞；4—冲击头；5—驱动缸；6—桩帽；7—配重；8—桩

（5）振动锤。振动锤是根据共振理论或振动冲击理论发展起来的，它利用振动能量沉桩和拔桩。其特点：用途广，可沉可拔，预制桩、灌注桩均可施工，效率高，使用方便；无废气污染；超高频振动锤对土体扰动范围小，振动、噪声小；不损伤桩头；但对地基土的适应性较差；不能打斜桩。其类型主要有振动式和振动冲击式两种。

1）振动锤的型式如图3-6所示。

a. 原动机：一般为电动机，通过V带传动直接驱动振动器。也有采用液压马达或内燃机驱动的。

b. 振动器：其振子一般采用成对安装的偏心块，靠偏心块的同步反向转动产生垂直振动。各对偏心块的同步反转则靠同步齿轮来实现。

c. 夹桩器：振动锤工作时，靠夹桩器将桩夹紧，实现振动器与桩的刚性连接。多数采用液压缸经倍率杠杆增力夹桩。

d. 吸振器：其作用是防止振动器的振动传到吊钩上。一般由一组螺旋压缩弹簧组成，靠弹簧吸振。

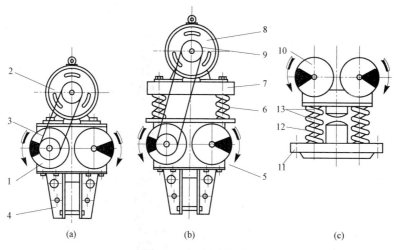

图 3-6　振动锤的型式

（a）刚性振动锤；（b）柔性振动锤；（c）振动冲击锤

1—激振器；2—电动机；3—传动机构；4—夹桩器；5—激振器；6—弹簧；7—底架；
8—电动机；9—皮带；10—激振器；11—桩帽；12—砧头；13—弹簧

2）振动冲击锤的结构如图 3-7 所示。电动机经 V 带传动驱动振动器，振动器的振动不直接作用在桩上，而是通过上锤砧和下锤砧间的冲击，把作用时间短但频率很高的冲击力传给桩身，达到沉桩的目的。适合于在黏土或硬土层打桩。由于受材料性能的制约，振动冲击锤的发展比振动锤困难和缓慢，应用也不广。

2. 桩架

桩架是用来悬挂桩锤、吊桩就位和沉桩导向的，其主要有三支点式履带打桩架以履带起重机的车体作为主体，立柱靠下部的托架和上部左右分开的两个斜撑支持，故此得名。为了增加立柱侧向稳定性，要求两个斜

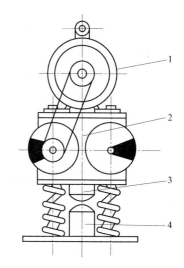

图 3-7　振动冲击锤

1—电动机；2—振动器；3—上锤砧；4—下锤砧

撑的下支座有较大的间距，所以在车体后方设一横梁，并在横梁端部各装一个液压支腿，为斜撑的下支座。三支点式履带打桩架如图3-8所示。

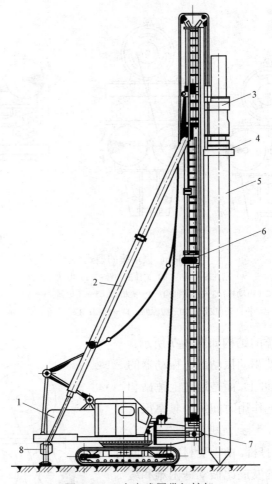

图3-8　三支点式履带打桩架

1—车体；2—斜撑；3—桩锤；4—桩帽；5—桩；6—桩架；7—支架；8—滚轮

　　斜撑下部是超长油缸，用于调整立柱的垂直度或倾斜角。立柱上有用于沉桩导向的导轨。为提高立柱的利用率，一些立柱有内、外双层导轨，间距分别为600mm 和 330mm。这样便可悬挂各种级重的桩锤。为适应钻孔打入法施工的需求，发展了双面型立柱，即将两种不同间距的导轨隔开 90° 焊接在主管上，可同时悬挂长螺旋钻孔机和柴油桩锤。

悬挂式履带打桩架如图3-9所示。

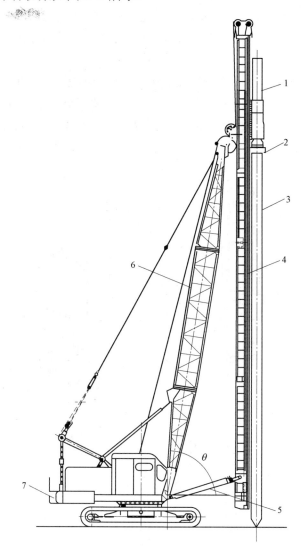

图3-9　悬挂式履带打桩架

1—桩锤；2—桩帽；3—桩；4—立柱；5—支撑架；6—吊臂；7—车体

二、钻孔机

在施工灌注桩和钻孔打入预制桩时，首先要在地基上成孔。

机械成孔的方法主要有挤土成孔和取土成孔。挤土成孔是用桩锤将工具式钢管桩（桩尖为活瓣或用钢筋混凝土预制桩尖）沉入地基土中至设计要求的深度后拔出成孔，一般孔径不大于 0.5m。取土成孔是利用钻孔机把桩位上的土取出成孔。常用的钻孔机有螺旋钻孔机、振动沉桩成孔机、潜水工程钻孔机等。

1. 螺旋钻孔机

螺旋钻孔机适用于地下水位以上的施工。所用的螺旋钻孔机包括长螺旋钻孔机（连续排土，一次完成钻进深度）、短螺旋钻孔机（周期性钻进、排土）和螺旋钻扩机（施工扩底桩）。长螺旋钻孔机由钻架和钻具等组成。钻具由电动机、立式行星减速器、钻杆、钻头及稳杆器、导向圈等组成，如图 3-10 所示。

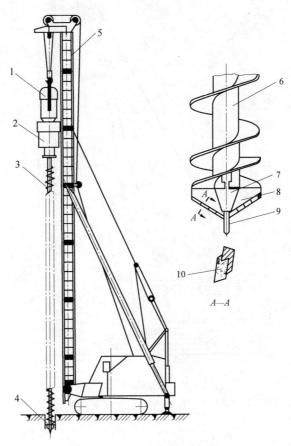

图 3-10 长螺旋钻孔机

1—电动机；2—减速器；3—钻杆；4—钻头；5—钻架；6—钢管；7—钻头接头；
8—刀板；9—定心尖；10—切削刀

2. 振动沉桩成孔机

振动沉桩成孔机的构成和成孔工艺如图 3-11 所示。

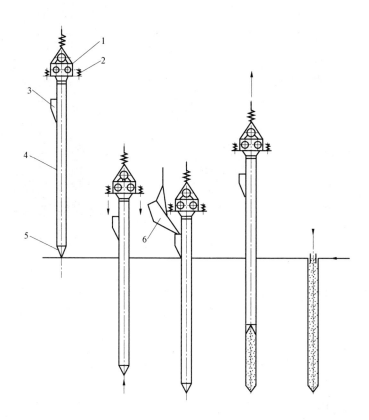

图 3-11 振动沉桩成孔工艺

1—振动锤；2—减振弹簧；3—加料口；4—桩管；5—活瓣桩尖；6—上料斗

3. 潜水工程钻孔机

潜水工程钻孔机主体由潜水钻主机、钻架、钻杆、卷扬机、配电箱及电缆卷筒等组成（见图 3-12），配以泥浆泵、空气压缩机或高压水泵、砂石泵等护壁、排渣系统即可钻孔。

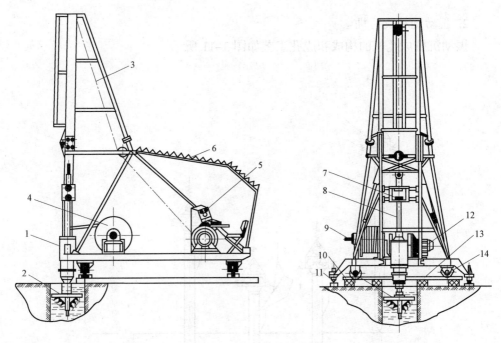

图 3-12　潜水工程钻孔机

1—主机；2—钻头；3—钢丝绳；4—电缆和水管卷筒；5—配电箱；6—遮阳板；7—活动导向；
8—方砖杆；9—进水口；10—枕木；11—支腿；12—卷扬机；13—轨道；14—行走车轮

第二节　使用维护保养

桩工机械的主要特点是专用性强，生产批量小。

一、桩机装配安全技术检查要点

初步了解施工现场概况，确定设备堆放位置，桩机进场后要检查进场设备配件是否齐全，做好基本准备工作后开始装配，重点对以下部分内容进行检查。

1. 装配前准备工作

（1）认真研究、掌握现场基本资料；有作业区周围竖立施工围栏和相关警示牌。

（2）合理确定桩机设备的停放位置。根据现场情况，首先要远离河塘、泥浆坑、高压线、软弱土层、周围建筑物等；按施工组织设计尽量选择在第一根施工的桩位附近堆放停靠。

（3）清理装配现场障碍物、平整场地，必要时铺设垫块或枕木扩大桩机承托面积；大吨位（静力压）桩机停置场地平均地基承载力应不低于 35kPa。

（4）检查设备配件、辅助施工设备是否齐全，如配重、导管、混凝土搅拌机、灰（泥）浆泵、电焊机、检测仪器等，施工前应按其相应安全技术规程标准进行检查，其安放位置应方便施工管理。

（5）合理安排电气控制线路铺设位置和方向，尽量缩短桩机与配电（箱）柜之间的距离，减少线路功率损耗。一般情况下，作业点（桩位）与电力供应点距离控制在 200m 内为宜，启动电压降不大于额定电压 10%；夜间施工必须配置充足的、独立敷设线路的照明点位。

（6）非装配人员应远离设备装配现场。

2. 机械部件装配检查

根据不同类型桩机特点，按厂家说明书要求顺序装配，注重以下检查事项：

（1）主要受力结构杆件及行走机构没有（焊缝）裂纹、扭曲变形、严重锈蚀等情况，如钻孔机导向槽变形影响桩身垂直度，振动类桩机立柱导轨变形影响振动锤滑行等。

（2）杆件、锤箱等各位置（高强）螺栓、法兰、销轴等紧固部（扣）件连接必须可靠紧密。

（3）及时更换老化、损坏、磨损严重的配件。

（4）钢丝绳没有断股、严重锈蚀磨损现象，保护油脂涂抹均匀；在吊钩、滑轮等部位应有可靠的防脱钩保险、防钢丝绳跳槽等保护装置；严格执行报废标准，及时更换不合格的钢丝绳。

（5）电流（压）表、油压表等控制仪表工作状态良好。

（6）电动机、卷扬机等传动部件安全防护罩完好无损。

（7）水油控制阀门、电气按钮开关密封良好、启动自如。

3. 传动系统及油路、润滑检查

桩机的传动系统由机械、液压动系统综合组成，完成机械杆件装配后，应重点检查传动系统及其润滑、油路工作及保护状况。

（1）根据厂家使用手册要求，按时、按季、按质更换与传动部件相对应的、适应季节温度要求的机械油、齿轮油、润滑油脂等。

（2）电动机、变（减）速箱、齿轮、卷扬机、液压等传动部件磨损值不得超标且工作正常。

（3）传动部件滑轮、导向装置、转动轴转动自如，油脂涂抹均匀，如液压缸、振动（锤）箱等部位。

（4）检查油路管、接头管夹是否破损、松动、渗油、泄漏、密封件应完好。

（5）液压泵、阀等元件清洁干净、固定牢靠，液压油经过严格过滤，其油黏度、清洁度正常。

4. 电气控制线路检查

（1）配置岗位培训合格的专业电工，专人管理桩机施工电气控制系统，严格执行配电安全管理技术标准，经常巡视现场用电箱、柜线路和控制开关，发现隐患应及时报告并修复。

（2）桩机设备、辅助施工设备配置各自专用开关配电箱，门锁齐全，实行"一机一闸"制度。

（3）供电线路应满足桩机用电功率、电压要求，电缆线截面必须与桩机用电功率匹配，如DZ90振动桩机距离电力变压器100m内，变压器功率应大于200kVA，电缆线截面积大于120mm²。

（4）电动机三相接线正确符合电气原理图、绝缘测试值合格（如大于0.5MΩ），其接线盒内端子接线正确可靠、端子没有松动脱落、绝缘良好。

（5）对电缆线进行外观和内部绝缘、导通实验检查，检查有无破损、内部芯线断裂、芯线之间绝缘测试值必须满足使用手册要求（如大于2MΩ）等。

（6）电气控制线路宜架空敷设或加设钢管保护等措施，严禁重物碾压、受拉，电器主回路与机体间耐压实验合格。

（7）配电箱内安装符合标准的漏电、隔离、短路、失电压、过电流等保护装置，电气系统防雷、接零接地线路连接良好，电阻值符合要求（如接地电阻应小于4Ω）。

（8）其他电气部件的绝缘、接触良好、联结牢固、线路通畅、控制电信号反应正确。

二、桩机施工及拆卸安全技术检查要点

装配完毕的桩机设备在施工时，应严格按相关工作流程操作，施工期间也应经常检查、观测其工作状态，并按施工组织设计确定的桩位顺序进行施工。开工前，技术人员应向全体（机组操作）施工人员进行安全管理技术交底，配置专业安全管理人员。

（1）桩机操作人员必须经过岗前严格培训，合格后才能上岗施工，施工期间不得擅离职守，严禁无关人员进入操作（室）岗位。

（2）操作人员应熟悉桩机设备功能作用、技术指标、使用条件等内容，操作应准确平缓，严禁超负荷、机械带病及野蛮操作施工。

（3）在正式施工前，应对装配完毕的桩机设备及辅助设备进行空负荷联合试运转查看，看各部件（位）动作是否正确平稳，无异常响声，控制仪表反映是否灵敏，电气线路工作是否正常。发现问题应及时调整修复。

（4）对施工可能造成邻近房屋开裂、管线断裂、漏水漏气、路基下沉等不良情况，应事先制定应急抢险方案，报建设、监理单位备案。

（5）加强现场周边建筑物的安全监测工作，定时做好书面沉降观测记录；在边桩、角桩等特殊桩位施工时，注意对附近建筑物的不良影响；对静压、沉管等施工可考虑开挖地面防震槽、预先钻孔等措施减少挤土效应影响。

（6）桩位间移动时，不宜压在已经完工的桩（顶）位上，应远离其他施工机械，与高压线保持桩机安全距离（如 6m 以上）；行走中保持设备垂直平稳，必要时铺垫枕木、填平坑凹地面、换填软弱土层、加设临时固定绳锁、清理行走线路上的障碍物等；机架较高的振动类、搅拌类桩机移动时，必须采取防止倾覆的应急措施。

为保持设备平稳、保护液压系统不受冲击破坏，液压系统不能满行程操作。

（7）遇地层阻力较大时，注意观察电流值指标或减慢沉桩（成孔）速度，或停机处理后再施工，避免电动机超功率工作烧毁熔丝或电动机；遇地层阻力突然降低时（如洞穴），应停机待查。

（8）施工中发现异常响声时应立即停机检查；施工及检修时，打桩锤下、起吊机下严禁站人；已经完工的桩孔应加警示标志，必要时（大孔径桩）加盖板防止人员坠落。

（9）遇雷雨、6 级以上大风等恶劣天气，必须采取加设缆风绳、放倒机架等措施停稳桩机、关闭电气控制开关，防止倾覆。

（10）施工中遇停电、操作失控等紧急情况，应采取可靠措施防止设备倒塌并及时切断电源开关；休息或作业结束时应停稳桩机，落下桩锤，切断电源。

（11）密切关注电动机、液压油缸、轴承等重要部位的温度变化。

（12）冬季施工注意设备关联部位防冻保护措施，如水泵及时放水、采用耐低温保护油（如 120 号齿轮油、46 号抗磨液压油）等。

（13）夏季施工注意设备关联部位高温保护措施，如电气线路、轴承、电动机、采用耐高温保护油如 90 号齿轮油、68 号抗磨液压油等。

（14）桩机施工有几种常见的机械动作，如吊桩（钢筋笼）、起吊锤、回转、行走、沉孔、压桩等，不宜同时进行 2 种及以上的机械动作。

（15）大修完或新购买的桩机第一次施工时，在其走（磨）合期内应逐渐平衡加载，禁止满负荷运转；为保护设备，在走（磨）合期满后，也不宜满负荷运转。

（16）对基坑支护、建筑物移位等综合性较强的复杂地基基础施工项目，必须按国家技术规定进行工程项目安全防护验算，报请当地主管部门并组织专家进行论证、审查。同时，还应配合其验算审定的结论开展桩机设备及施工的综合安全管理技术检查工作。

（17）退场拆卸检查。完成施工任务的桩机设备，多数类型设备需在退场前进行拆卸以便分部转运，为此应做好以下几点准备工作：

1）平整场地、清理障碍物，便于拖动车辆安全进出、起吊设备顺利停靠。

2）清洗、保养桩机设备，将其移到便于拆卸拖运的位置停稳，切断电源，准备拆卸工具、起吊设备、拖运车辆。

3）按厂家提供的设备使用手册规定顺序，制定拆卸具体步骤。

4）做好拆卸人员安全防护交底工作，无关人员应远离拆卸现场。

5）拆卸、吊运中应注意保护桩机设备中的重要部件，严禁野蛮操作损坏设备。

三、操作安全注意事项

（1）钻孔工作地点应保持清洁。

（2）安装及拆卸钻机时，要保证正确和完整无缺。

（3）钻机的桅杆升降时，操作人员应站在安全的位置上进行。

（4）开动电动机时，应打开钻机所有的摩擦离合器。

（5）当钻机工作时，严禁去掉防护罩。

（6）工作开始前，应该检查制动装置的可靠性，以及摩擦离合器和起动装置的工作性能。

（7）电动机未停止前，禁止检查钻机。

（8）钻机工作时，严禁紧固钻机任何零件。

（9）当钻机运转时，严禁加油。桅杆上部滑轮加油应在钻机停止时进行。

（10）电动机未停止前，不允许在桅杆上工作。

（11）无论什么情况下，当桅杆上段有人工作时，桅杆下不允许停留人员。

（12）遇有恶劣气候时（暴雨、大雪、结冰或五级以上大风），不允许在桅杆上工作。同时，也不允许利用人工照明在桅杆上工作。

（13）严禁使用裂股的钢丝绳。

（14）钻具升降时，严禁用手摸钢丝绳。

（15）除钻机升降、下钻管等外，井口严禁敞开。

（16）为了防止钻具或抽筒从井内取出井外时的甩动，必须使用由直径15～20mm钢棒制成的钩子勾住。

（17）在清洗抽筒时，应利用坚固可靠的钢丝绳结成环，套在抽筒下端，将其倒翻。

（18）用滑车提升或下降套管时，以及机器在打捞工作时，所有工人应离开钻井。

（19）在用起重器拔出套管时，为避免套管脱落，必须彼此固定在一起。

（20）在照明停止的情况下（夜间时），钻孔工作应该停止。这时钻具仍在井内时，就应该小心地把钻具从井内取出来。

第三节　常见故障处理

一、液压步履式长螺旋打桩机最常见的故障及处理

1. 断钻杆

多数情况是属于钻杆与孔壁摩擦，使钻杆壁厚减薄，强度削弱。另外，钻杆已弯曲时也易断裂。

预防处理：加钻杆时要注意检查，发现磨损过大和已弯曲的钻杆应选出，停止使用。

2. 冲击器不响

常见的原因有以下四种：① 阀片打碎；② 钎头尾部打坏，碎渣进入缸体卡住锤体；③ 排气孔被岩粉堵住；④ 向下凿岩时，孔内积水过多，排气阻力太大，冲击器不易起动。

处理方法：发现冲击器不响时，先按第④种原因检查，检查的方法是将冲击器提升一段距离，减少排气阻力，将水吹出一部分，再慢慢推向孔底，若此方法行不通时，可判断前三种原因，需将冲击器卸下清洗或更换零件。

3. 卡钻

除遇有复杂地层能使钻机在正常钻进中卡钻外，还有如下原因：① 钎头断翼；② 新换钎头较原来直径大；③ 凿岩时机器位移或钻具在孔中偏斜；④ 凿岩时孔

壁或孔口掉落石块或遇到大裂隙、溶洞；⑤ 遇有泥夹石的地带粉尘不易排出；⑥ 操作上疏忽，长时间停钻时，没有吹净岩粉，也没有提起钻具，使冲击器被岩粉埋没。

处理方法：就目前钎头的强度，断翼已杜绝，一旦遇有特殊情况，可用一段直径与孔径相差不多的无缝管，管内装有黄油、沥青等物，与钻杆连接进入孔底，将孔底的断翼给取出来，打捞前先将孔底的岩粉吹净。比较严重的情况的钻具提不起来，放不下去，冲击器不响，此时只有外加扭矩或用辅助工具帮助提升，使钻具回转，然后要边给气边提升钻具，直至故障解除为止。重新凿岩时，先稍加给压力，再逐渐增加推进力，直到正常的工作压力。

4. 钎头碎片、掉角和掉柱

遇有钻杆产生跳动，有可能掉下石头块穿过岩层变化的交换处或掉合金柱，从外表判断若是掉合金柱，几乎不见进尺，钻杆跳动也比较有节奏。当证实掉合金柱时，可用强力吹风法吹出，合金柱大吹不动时，也可用处理钎头断翼的办法钻取。如恰好孔内有断层或破碎带时，将合金柱挤入这些地方的孔壁也可不取出来，换上新钎头，断续钻进凿岩。

二、长螺旋钻机常见故障与排除方法

（1）长螺旋钻机减速器的输入端旋转而输出端不旋转，或旋转速度明显低于正常值。这种情况的主要原因是，长螺旋钻机减速器的内部传动部件出了问题，多为齿轮断齿或断轴。此故障只能通过拆检长螺旋钻机减速器更换相应零件解决。

（2）长螺旋钻机减速器的输入、输出端都不能旋转。这种情况的检修办法有两种：① 将输入端的马达或电动机反转观察是否可行，酌情修理或更换；② 拆检长螺旋钻机减速器（内部轴承损坏造成不能运转）更换相应的零件。

（3）长螺旋钻机减速器噪声和振动明显高于正常值。造成的原因可能是，连接螺栓松动或长螺旋钻机减速器的有效定位失效，或润滑油油温太高、油液太脏。

故障出现时也不要紧张，应急修理的方法：长螺旋钻机减速器使用一段时间或到了寿命期就应维修。大修应该送到原制造厂家或大型专业修理厂。但在施工过程中损坏时，可在现场找一块干净的地方拆检长螺旋钻机减速器。长螺旋钻机减速器内部一般为行星结构，只要将外围螺栓拆下就可很容易取出内部零件。拆检完成后，应彻底清洗所有零部件，然后详细观察内部齿轮齿面以及轴承情况，再试运转各分部件。装复后，加油试运转，证明无问题后再装到系统上。

第四章 挖 掘 机 械

第一节 概　　述

挖掘机，又称挖掘机械，是用铲斗挖掘高于或低于承机面的物料，并装入运输车辆或卸至堆料场的土方机械。挖掘机挖掘的物料主要是土壤、煤、泥沙以及经过预松后的土壤和岩石。从近几年工程机械的发展来看，挖掘机的发展相对较快，挖掘机已经成为工程建设中最主要的工程机械。挖掘机最重要的参数有操作质量、发动机功率和铲斗斗容三个。

一、分类

常见的挖掘机按驱动方式有内燃机驱动挖掘机和电力驱动挖掘机两种。其中，电动挖掘机主要应用在高原缺氧与地下矿井和其他一些易燃易爆的场所。

按照规模大小的不同，挖掘机可以分为大型挖掘机、中型挖掘机和小型挖掘机。

按照行走方式的不同，挖掘机可分为履带式挖掘机和轮式挖掘机。

按照传动方式的不同，挖掘机可分为液压挖掘机和机械挖掘机。机械挖掘机主要用在一些大型矿山上。

按照用途来分，挖掘机又可以分为通用挖掘机、矿用挖掘机、船用挖掘机、特种挖掘机等不同的类别。

按照铲斗来分，挖掘机又可以分为正铲挖掘机、反铲挖掘机、拉铲挖掘机和抓铲挖掘机。正铲挖掘机多用于挖掘地表以上的物料，反铲挖掘机多用于挖掘地表以下的物料。

1. 正铲挖掘机

正铲挖掘机的铲土动作形式。其特点是"前进向上，强制切土"。正铲挖掘力大，能开挖停机面以上的土，宜用于开挖高度大于 2m 的干燥基坑，但须设置上下坡道。正铲的挖斗比同当量反铲挖掘机的斗要大一些，可开挖含水量不大于 27%

的一至三类土，且与自卸汽车配合完成整个挖掘运输作业，还可以挖掘大型干燥基坑和土丘等。正铲挖土机的开挖方式根据开挖路线与运输车辆的相对位置的不同，挖土和卸土的方式有以下两种：正向挖土，侧向卸土；正向挖土，反向卸土。

2. 反铲挖掘机

反铲挖掘机是向后向下，强制切土。可以用于停机作业面以下的挖掘，基本作业方式有：沟端挖掘、沟侧挖掘、直线挖掘、曲线挖掘、保持一定角度挖掘、超深沟挖掘和沟坡挖掘等。

3. 拉铲挖掘机

拉铲挖掘机也称索铲挖土机。其挖土特点是向后向下，自重切土。宜用于开挖停机面以下的Ⅰ、Ⅱ类土。工作时，利用惯性力将铲斗甩出去，挖得比较远，挖土半径和挖土深度较大，但不如反铲灵活、准确。尤其适用于开挖大而深的基坑或水下挖土。

4. 抓铲挖土机

抓铲挖土机也称抓斗挖土机。其挖土特点是直上直下，自重切土。宜用于开挖停机面以下的Ⅰ、Ⅱ类土，在软土地区常用于开挖基坑、沉井等。尤其适用于挖深而窄的基坑，疏通旧有渠道以及挖取水中淤泥等，或用于装载碎石、矿渣等松散料。开挖方式有沟侧开挖和定位开挖两种。如将抓斗做成栅条状，还可用于储木场装载矿石块、木片、木材等。

5. 全液压全回转挖掘机

现今的挖掘机占绝大部分的是全液压全回转挖掘机。液压挖掘机主要由发动机、液压系统、工作装置、行走装置和电气控制等部分组成。液压系统由液压泵、控制阀、液压缸、液压马达、管路、油箱等组成。电气控制系统包括监控盘、发动机控制系统、泵控制系统、各类传感器、电磁阀等。

液压挖掘机一般由工作装置、上部车体和下部车体三大部分组成。据其构造和用途可以区分为履带式、轮胎式、步履式、全液压、半液压、全回转、非全回转、通用型、专用型、铰接式、伸缩臂式等多种类型。

工作装置是直接完成挖掘任务的装置。它由动臂、斗杆、铲斗三部分铰接而成。为了适应各种不同施工作业的需要，液压挖掘机可以配装多种工作装置，如挖掘、起重、装载、平整、夹钳、推土、冲击锤、旋挖钻等多种作业机具。

回转与行走装置是液压挖掘机的机体，转台上部设有动力装置和传动系统。发动机是液压挖掘机的动力源，大多采用柴油，若在方便的场地，也可改用电动机。

　　液压传动系统通过液压泵将发动机的动力传递给液压马达、液压缸等执行元件，推动工作装置动作，从而完成各种作业。

二、结构构成

　　常见的挖掘机结构分为上车部分、下车部分和工作装置三个部分，一般具体包括，动力装置、工作装置、回转机构、操纵机构、传动机构、行走机构和辅助设施等，如图 4-1 所示。

图 4-1　挖掘机的结构

1—下车部分：履带架、履带、引导轮、支重轮、托轮、终传动、张紧装置、中央回转接头、回转支承；

2—上车部分：发动机、减震器主泵、主阀、驾驶室、回转机构、上平台、液压油箱、燃油箱、控制油路、电器部件、配重；3—工作装置：动臂、斗杆、铲斗、液压油缸、连杆、销轴、管路

　　传动机构通过液压泵将发动机的动力传递给液压马达、液压缸等执行元件，推动工作装置动作，从而完成各种作业。

第二节 使 用 维 护 保 养

一、使用注意事项

（1）挖掘机是经济投入大的固定资产，为提高其在使用年限内获得更大的经济效益，设备必须做到定人、定机、定岗位，明确职责。必须调岗时，应进行设备交底。

（2）挖掘机进入施工现场后，驾驶员应先观察工作面地质及四周环境情况，挖掘机旋转半径内不得有障碍物，以免对车辆造成划伤或损坏。

（3）机械发动后，禁止任何人员站在铲斗内，铲臂上及履带上，确保安全生产。

（4）挖掘机在工作中，禁止任何人员在回转半径范围内或铲斗下面工作停留或行走，非驾驶人员不得进入驾驶室乱摸乱动，不得带培训驾驶员，以免造成电气设备的损坏。

（5）挖掘机在挪位时，驾驶员应先观察并鸣笛，后挪位，避免机械边有人造成安全事故，挪位后的位置要确保挖掘机旋转半径的空间无任何障碍，严禁违章操作。

（6）工作结束后，应将挖掘机挪离低洼处或地槽（沟）边缘，停放在平地上，关闭门窗并锁住。

（7）驾驶员必须做好设备的日常保养、检修、维护工作，做好设备使用中的每日记录，发现车辆有问题，不能带病作业，并及时汇报修理。

（8）必须做到驾驶室内干净、整洁，保持车身表面清洁、无灰尘、无油污；工作结束后养成擦车的习惯。

（9）驾驶员要及时做好日台班记录，对当日的工作内容做好统计，对工程外零工或零项及时办好手续，并做好记录，以备结账使用。

（10）驾驶人员在工作期间严禁中午喝酒和酒后驾车工作。

（11）对人为造成的车辆损坏，要分析原因，查找问题，分清职责，按责任轻重进行处罚。

（12）要树立高度的责任心,确保安全生产,认真做好与建方沟通和服务工作，搞好双边关系，树立良好的工作作风，为企业的发展和效益尽心尽责，努力工作。

（13）挖掘机操作属于特种作业，需要持有特种作业操作证才能驾驶挖掘机作业。

（14）做保养时必须遵守保养禁忌。

二、维修保养

对挖掘机实行定期维护保养的目的是：减少机器的故障，延长机器使用寿命，缩短机器的停机时间，提高工作效率，降低作业成本。

只要管理好燃油、润滑油、水和空气，就可以减少70%的故障。事实上，70%左右的故障是由于管理不善造成的。

1. 日常检查

（1）目视检查：启动机车前应进行目视检查。按如下顺序彻底检查机车周围环境与底部：

1）是否有机油、燃油和冷却液泄漏。

2）是否有松动的螺栓和螺母。

3）电气线路中是否有电线断裂、短路和电瓶接头松动。

4）是否有油污。

5）是否有杂物积聚。

（2）日常维护注意事项。

日常检查工作是保证液压挖掘机能够长期保持高效运行的重要环节，做好平时日常检查工作可以有效降低维护成本。

首先围绕机械转两圈以检查外观以及机械底盘有无异样，以及回转支承是否有油脂流出，再检查减速制动装置以及履带的螺栓紧固件，该拧紧的拧紧，该换的及时更换，如果是轮式挖掘机就需要检查轮胎是否有异样，以及轮胎气压的稳定性。

查看挖掘机斗齿是否有较大磨损，斗齿的磨损会大幅度增加施工过程中的阻力，将严重影响工作效率，增加设备零部件的磨损度。

查看斗杆以及油缸是否有裂纹或漏油现象。检查蓄电池电解液，避免处于低水平线以下。

空气滤芯器是防止大量含尘空气进入挖掘机的重要部件，应该经常检查清洗。

经常查看燃油、润滑油、液压油、冷却液等，看是否需要添加，并且最好按照说明书的要求选择油液，并保持清洁。

2. 启动后的检查

（1）鸣笛与所有仪表是否完好。

（2）发动机的启动状态、噪声与尾气的颜色。

（3）是否有机油、燃油和冷却液泄漏。

3. 燃油的管理

（1）柴油。要根据不同的环境温度选用不同牌号的柴油（见表4-1）；柴油不能混入杂质、灰土与水，否则将使燃油泵过早磨损；劣质燃油中的石蜡与硫的含量高，会对发动机产生损害；每日作业完后燃油箱要加满燃油，防止油箱内壁产生水滴；每日作业前打开燃油箱底的放水阀放水；在发动机燃料用尽或更换滤芯后，须排尽管路中的空气。

表 4-1　　　　　　　　　不同的环境温度选用的柴油牌号

最低环境温度（℃）	0	-10	-20	-30
柴油牌号	0	-10	-20	-35

（2）其他用油管理。其他用油包括发动机油、液压油、齿轮油等；不同牌号和不同等级的用油不能混用；不同品种挖掘机用油在生产过程中添加的起化学作用或物理作用的添加剂不同；要保证用油清洁，防止杂质（水、粉尘、颗粒等）混入；根据环境温度和用途选用油的标号。环境温度高，应选用黏度大的机油，环境温度低应选用黏度小的用油；齿轮油的黏度相对较大，以适应较大的传动负载，液压油的黏度相对较小，以减少液体流动的阻力。

1）挖掘机用油的选择，见表4-2。

表 4-2　　　　　　　　　挖掘机用油的选择

容器	外界温度（℃）	油液种类	更换周期（h）	更换量（L）
发动机油底壳	-35~20	CD SAE 5W-30	250	24
	-20~10	CD SAE 10W		
	-20~40	CD SAE 10W-30		
	-15~50	CD SAE 15W-40		
	0~40	CD SAE 30		
回转机构箱		CD SAE 30	1000	5.5
减振器壳体		CD SAE 30		6.8
液压油箱	-20~40	CD SAE 10W	5000	PC200型：239 PC220型：246
		CD SAE 10W-30		
		CD SAE 15W-40		
终传动		CD SAE90	1000	5.4

2）合理选用液压油。

a. 液压油黏度。确定液压油黏度的原则是，在考虑液压回路工作温度和效率的前提下，使（用于泵和电动机等元件）液压油黏度处于最佳范围（$16\times10^{-6}\sim36\times10^{-6}\text{mm}^2/\text{s}$）；与环境最低温度对应的短时间冷启动的黏度不大于 $1000\times10^{-6}\text{mm}^2/\text{s}$，以及对应于短时间允许的最高泄漏油温 90℃时的黏度不小于 $10\times10^{-6}\text{mm}^2/\text{s}$。

b. 黏度指数（VI）。该指标较直接地反映了油品黏度随温度变化而改变的性质，即油的黏温特性。油的黏度指数较高，表示这种油的黏度随温度变化而改变的程度较小；反之，改变程度较大。国外知名厂家（如美孚、壳牌等）的抗磨液压油的平均黏度指数 $VI\geqslant110$，国产高级抗磨液压油的黏度指数 $VI\approx95$。而国外生产的高黏度指数液压油（HV）和多级发动机机油的平均黏度指数 $VI>140$。这一点对于使用大型进口液压挖掘机而采用国产液压油（或将发动机机油作液压油用）的用户须特别注意。黏度指数降低将使油所适应的环境温度范围缩小，若非使用不可时，应向油品厂家查询相关资料，须对油的使用范围做适当调整，必要时还应改变设备的相关设定值（如极限温度等）。

3）其他综合性能。因现代大型液压挖掘机液压系统的工作压力较高（$\geqslant32\text{MPa}$），允许液压油的最高工作油温也较高（90℃左右），所以为了保证在正常的换油周期内液压系统能正常工作，就要求为系统所选油的润滑性、氧化安定性、抗磨性、防锈防腐性、抗乳化性、抗泡性、抗剪切安定性以及极压负荷性等方面具有良好的品质。

4）良好的液压油散热系统。对于大型液压挖掘机液压油散热系统（更确切地说应为液压油温控制系统）的改善，虽然各厂家采用的具体方式有所不同，但基本思路却是一样的，既能使液压油温度在连续作业中平衡在较为理想的范围内，又能使液压系统在冷态下投入工作时能迅速升温（达到油正常工作温度范围）。在使用了合格的液压油的前提下，当出现液压油过热时，对液压油散热温控系统的检查步骤如下：① 液压油散热器是否有污物堵塞，导致散热效率下降，必要时清洗散热器。② 在极端条件下检测风扇转速的系统实际工作压力，以确定该回路的液压件是否有故障、油温传感器或控制电路的工作是否正常。此时风扇转速和系统工作压力均应为最大值；否则，应对系统相应参数进行调整或更换受损元件。

5）系统中相关液压参数的检查。大型液压挖掘机工作泵的控制方式主要有两种：带压力断流功能（即 CUT–OFF 功能）的极限载荷调节（GLR）和负荷感应调节（LS）方式。而 CUT–OFF 功能的作用是，当系统工作压力达到调定值时，变量泵的斜盘偏角减小，使泵只能保持在维持该压力所需的"残余"流量状态，以避免溢流阀溢流产生过热。为实现此目的，系统参数匹配至按技术要求使CUT–OFF 阀的调定值低于回路中初级压力阀的调定值；否则，初级压力阀打开将会导致溢流过热。

同时，检查次级阀工作是否正常，此项工作一定要严格按照技术要求进行，必要时应对系统相关参数进行恢复性调整。

6）排除非正常内泄。主要指因系统液压油受污染造成方向阀、压力阀卡咬所引起的非正常内泄。检查的方法：测压力、查功能，或听是否有异常噪声（阀口关闭不严造成的"节流冲刷声"）或触摸检查温度是否局部过高。

7）防止元件容积效率下降。对非正常磨损和正常磨损都应引起重视。前者可能在很短的时间内发生，可通过检查油的品质并结合系统功能的好坏（如执行元件动作是否正常，速度是否下降等）进行判断；后者则应遵循一定的规律，应综合考察，及时采取措施。

（3）润滑油脂管理。采用润滑油（黄油）可以减少运动表面的磨损，防止出现噪声。润滑脂存放保管时，不能混入灰尘、砂粒、水及其他杂质；推荐选用锂基型润滑脂G2–L1，抗磨性能好，适用重载工况；加注时，要尽量将旧油全部挤出并擦干净，防止沙土粘附。

4. 保养

（1）滤芯的保养。滤芯起到过滤油路或气路中杂质的作用，阻止其侵入系统内部而造成故障；各种滤芯要按照《操作保养手册》的要求定期更换；更换滤芯时，应检查是否有金属附在旧滤芯上，如发现有金属颗粒应及时诊断和采取改善措施；使用符合机器规定的纯正滤芯。伪劣滤芯的过滤能力较差，其过滤层的材料质量不符合要求，会严重影响机器的正常使用。

（2）定期保养的内容。

1）新机器工作250h后就应更换燃油滤芯和附加燃油滤芯；检查发动机气门的间隙。

2）日常保养：检查、清洗或更换空气滤芯；清洗冷却系统内部；检查和拧紧履带板螺栓；检查和调节履带反张紧度；检查进气加热器；更换斗齿；调节铲斗间隙；检查前窗清洗液液面；检查、调节空调；清洗驾驶室内地板；更换破碎器滤芯（选配件）。清洗冷却系统内部时，待发动机充分冷却后，缓慢拧松注水口盖，释放水箱内部压力，然后才能放水；不要在发动机工作时进行清洗工作，因为高速旋转的风扇会造成危险；当清洁或更换冷却液时，应将机器停放在水平地面上；要按照表 4–3 更换冷却液和防腐蚀器。防冻液与水的混合比例按表 4–4 的要求。

表 4–3　　　　　　　　　　更换冷却液和防腐蚀器周期

冷却液种类	冷却系统内部清洗和更换周期	防腐蚀器更换周期
AF–ACL 防冻液（超级防冻液）	每 2 年或每 4000h	每 1000h 或更换冷却液时
AF–PTL 防冻液（长效防冻液）	每年或 2000h	每 1000h 或更换冷却液时
AF–PT 防冻液（冬季型）	每 6 个月（只在秋季添加）	每 1000h 或更换冷却液时

表 4–4　　　　　　　　　　防冻液与水的混合比例

环境温度（℃）	−5	−10	−15	−20	−25	−30
防冻液 PC200（%）	5.1	6.7	8.0	9.1	10.2	11.10
PC220（%）	5.4	7.0	8.4	9.6	10.7	11.65
水 PC200（%）	17.1	15.5	14.2	13.1	12.0	11.10
PC220（%）	17.9	16.3	14.9	13.7	12.6	11.65

3）启动发动机前的检查项目。检查冷却液液面位置高度（加水）；检查发动机机油油位，加机油；检查燃油油位（加燃油）；检查液压油油位（加液压油）；检查空气滤芯是否堵塞；检查电线；检查扬声器是否正常；检查铲斗的润滑；检查油水分离器中的水和沉淀物。

4）每 100h 保养项目。动臂缸缸头销轴；动臂脚销；动臂缸缸杆端；斗杆缸缸头销轴；动臂、斗杆连接销；斗杆缸缸杆端；铲斗缸缸头销轴；半杆连杆连接销；斗杆、铲斗缸缸杆端；铲斗缸缸头销轴；斗杆连杆连接销；检查回转机构箱内的油位（加机油）；从燃油箱中排出水和沉淀物。

5）每 250h 保养项目。检查终传动箱内的油位（加齿轮油）；检查蓄电池电解液；更换发动机油底壳中的油，更换发动机滤芯；润滑回转支承（2 处）；检查风扇皮带的张紧度；检查空调压缩机皮带的张紧度，并做调整。

6）每 500h 保养项目。同时进行每 100h 和 250h 保养项目；更换燃油滤芯；检查回转小齿轮润滑脂的高度（加润滑脂）；检查和清洗散热器散热片、油冷却器散热片和冷凝器散热片；更换液压油滤芯；更换终传动箱内的油（仅首次在 500h 时进行，以后 1000h 一次）；清洗空调器系统内部和外部的空气滤芯；更换液压油通气口的滤芯。

7）每 1000h 保养项目。同时进行每 100、250h 和 500h 保养项目；更换回转机构箱内的油；检查减振器壳体的油位（回机油）；检查涡轮增压器的所有紧固件；检查涡轮增压器转子的游隙；发电机皮带张紧度的检查及更换；更换防腐蚀滤芯；更换终传动箱内的油。

8）每 2000h 保养项目。先完成每 100、250、500h 和 1000h 的保养项目；清洗液压油箱滤网；清洗、检查涡轮增压器；检查发电机、启动电动机；检查发动机气门间隙（并调整）；检查减振器。

9）4000h 以上的保养。每 4000h 增加对水泵的检查；每 5000h 增加更换液压油的项目。

10）长期存放。机器长期存放时，为防止液压缸活塞杆生锈，应把工作装置着地放置；整机洗净并干燥后存放在室内干燥的环境中；如条件所限只能在室外存放时，应把机器停放在排水良好的水泥地面上；存放前加满燃油箱，润滑各部位，更换液压油和机油，液压缸活塞杆外露的金属表面涂一薄层黄油，拆下蓄电池的负极接线端子，或将蓄电池卸下单独存放；根据最低环境温度在冷却水中加入适当比例的防冻液；每月启动发动机一次并操作机器，以便润滑各运动部件，同时给蓄电池充电；打开空调制冷运转 5～10min。

（3）挖掘机液压泵磨损。挖掘机液压泵严重磨损对挖掘机有着致命的影响，因此挖掘机出现此类问题必须及时解决。维修挖掘机液压泵时从以下三点查找故障原因：

1）检查动臂油缸的内漏情况。最简单的方法是把动臂升起，看其是否有明显的自由下降。若下落明显，则拆卸油缸检查，密封圈如已磨损应予以更换。

2）检查操纵阀。首先清洗安全阀，检查阀芯是否磨损，如磨损应更换。安全阀安装后若仍无变化，再检查操纵阀阀芯磨损情况，其间隙使用限度一般为0.06mm，磨损严重应更换。

3）测量液压泵的压力。若压力偏低，则进行调整，增加压力仍无法上调，则说明液压泵严重磨损。

（4）一般造成动臂带载不能提升的主要原因及其改进方法。

1）原因。

a. 挖掘机液压泵严重磨损。

在低速运转时泵内泄漏严重；高速运转时，泵压力稍有提高，但由于泵的磨损及内泄，容积效率显著下降，很难达到额定压力。液压泵长时间工作又加剧了磨损，油温升高，由此造成液压元件磨损及密封件的老化、损坏，丧失密封能力，液压油变质，最后导致故障发生。

b. 液压元件选型不合理。

动臂油缸规格为 70/40 非标准系列，密封件也为非标准件，制造成本高且密封件更换不便。动臂油缸缸径小，势必使系统调定压力高。

c. 液压系统设计不合理。

操纵阀与全液压转向器为单泵串联，安全阀调定压力为 16MPa，而液压泵的额定工作压力也为 16MPa。液压泵经常在满负荷或长时间超负荷（高压）情况下工作，并且系统有液力冲击，长期不换油，液压油受污染，加剧液压泵磨损，以致液压泵泵壳炸裂（曾发现此类故障）。

2）改进方法及效果。

a. 改进液压系统设计。采用先进的优先阀与负荷传感全液压转向器形式。新系统能够按照转向要求，优先向其分配流量，无论负载大小、方向盘转速高低均能保证供油充足，剩余部分可全部供给工作装置回路使用，从而消除了由于转向回路供油过多而造成功率损失，提高了系统效率，降低了液压泵的工作压力。减少挖掘机液压泵严重磨损。

b. 优化设计动臂油缸和液压泵造型。

降低系统工作压力。通过优化计算，动臂油缸采用标准系列 80/4。液压泵排量由 10mL/r 提高为 14mL/r，系统调定压力为 14MPa，满足了动臂油缸举升力和速度要求。

c. 加强日常检查和维护。

在使用过程中还应注意挖掘机的正确使用与维护，定期添加或更换液压油，保持液压油的清洁度，加强日常检查和维护。这样才能避免挖掘机液压泵严重磨损。

第三节　常见故障处理

一、跳挡

1. 跳挡的原因

（1）变速传动机构磨损，如 W4-60 型挖掘机上采用的是机械换挡变速的传动机构，这种传动机构是依靠滑动齿套在固定齿套上作轴向移动并与各挡的从动齿轮相啮合来实现换挡的。在频繁地换挡过程中，上述各啮合齿轮的轮齿端面易被磨成锥形，造成其啮合性能降低而导致跳挡。

（2）自锁机构的性能下降，为防止变速器跳挡，该型挖掘机在变速器的Ⅱ、Ⅲ挡和Ⅳ、Ⅴ挡拨叉轴上方的箱盖孔内和Ⅰ、倒挡拨叉内均安有起自锁作用的钢球及弹簧。当起定位自锁作用的弹簧其弹性减弱或折断时，自锁机构的自锁性能会下降直至消失，造成变速器跳挡。同时，定位钢球或拨叉轴上的凹槽若出现磨损，也可造成变速器跳挡。

（3）换挡装置调整不当，该型挖掘机的变速器采用的是机械式人力换挡方式，若变速杆、纵轴、横轴及竖固定螺钉松动也可造成变速器跳挡。

（4）外界负载突然变化由于挖掘机的工作性质及该机自身的设计原因，外界负载突然变化也会导致其变速器跳挡。当路面凸凹不平、机器作下坡行驶或行驶路线不当而使外界负载突然发生变化时，这种负载的突然变化会通过车轮、传动轴作用在变速器的挡位啮合齿轮上，使挡位啮合齿轮因产生轴向推力而脱开，造成变速器跳挡。

（5）操作方法不当挖掘机在坡道上行驶（尤其是下坡行驶）时，如果操作不当，也会导致变速器跳挡。

2. 预防措施

（1）严格按照操作规程和驾驶要领进行操作，尽量避免换挡时打齿，以减少齿轮副的磨损。

（2）严格执行保养制度，加强换挡装置的维护保养。当换挡装置杆系连接不当时应及时调整，确保换挡装置性能良好。

（3）注重对自锁机构的维修与保养，对定位作用降低或失去定位效能的定位钢球、弹簧及拨叉轴，应及时修复或更换，使自锁机构的自锁性能处于良好的状态。

（4）组装变速器时，应严格按操作规程进行操作，确保变速器各机件调整正确、紧定适当。较大的下坡路面时，驾驶员应严格按照下坡的动作要领进行操作，切不可违规。

3. 应急处置方法

在挖掘机的行驶过程中，若出现变速器跳挡时，应及时使机器停机（或继续行驶），然后查找原因，排除故障。具体方法如下：

（1）在平路上行驶时出现跳挡，可按正常的停机要领停机，认真查找原因，排除故障。

（2）上坡行驶时出现跳挡，可将挡位置于低一速位置或Ⅰ挡位置，待机器行驶到坡顶时再停机，排除故障；若减挡不成功或又一次出现跳挡时，应按坡道停机的动作要领及要求停机，然后排除故障。

（3）在下坡道上行驶时出现跳挡，应按加挡的动作要领将挡位置于高一速的位置或采取抢挡（紧急减挡）措施，待机器行驶到坡底后再停机检查，排除故障；若加挡、抢挡不成功或又一次出现跳挡（此时为空挡）时，驾驶员可将发动机转速控制在中速（防止发动机熄火），采用点刹的方法使机器滑至坡底，然后排除故障。如果加挡，抢挡不成功或又一次出现跳挡（此时为空挡），并且机器又处在下大坡道时（此时机器会以很快的速度向坡底俯冲），应迅速地按照下坡停机的动作要领及要求停车，然后排除故障。

1）回转操作先导一次压力是否在正常范围内（正常先导压力 4.5MPa 以上）。

2）回转溢流阀损坏，回转溢流压力是否在正常范围内（溢流压力为 36MPa）。

3）回转主阀芯是否切换到位，回转阀芯回位弹簧是否断裂。

4）配流磨损损坏，造成回转马达内泄。

5）回转马达泵体与柱塞磨损损坏，造成马达内泄。

6）只有回转动作慢其他动作正常，可以排除液压主泵、主溢流阀故障。

二、动臂修复

检查挖掘机动臂侧板焊缝锈蚀、裂纹时需要将焊缝表面漆层、锈蚀刮掉或打磨干净，观察时用小锤轻击焊缝，必要时可以使用放大镜观察。

1. 产生裂纹的原因

挖掘机动臂侧板产生裂纹的原因：包括原焊缝本身有气泡、夹渣和微小龟裂，在挖掘机超负荷工作时，原焊缝处会产生微小裂纹并慢慢扩大；焊接时焊条与板材的性能不符而产生裂纹；因挖掘机动臂体积较大，难以采用可靠、有效的加热保温措施，焊后未能彻底除去焊缝周边母材淬硬区，导致焊缝强度下降；挖掘机作业过程中振动冲击较大，焊缝处受力不均使焊缝开裂。

2. 修复方法

焊前准备工作：用手砂轮将原焊缝裂纹处的油污、油漆、锈蚀等清除干净。用气刨机将焊缝裂纹刨割掉，刨割至侧板的本体，并将以往焊接的母材淬硬区清除干净。刨割后用角砂轮将切口打磨平整（内侧接口打磨出 V 形坡口），清洗、粉色检查后，确认裂纹已全部找到并清除干净。

根据现有维修条件，选用 ϕ5mm 型号为 E5015（J507）或 E5016（J506）焊条，在 350℃ 温度下烘烤 2h，再在 100℃ 保温，防止焊条吸潮，随用随取；焊接电流

190～230A。由于挖掘机侧板厚度较大，焊接前应将焊接的部位预热至 150～250℃；在焊接过程中，可采用分段、对称、倒退法施焊；在焊缝冷却过程中应不断用手锤对焊缝金属进行敲击，以消除应力；在侧板转角处施焊时，为避免起落弧缺陷，宜连续施焊，以改善连接处的受力状况。

焊接结束后，彻底清除飞溅物、焊渣和焊瘤等，焊缝余高不得大于 2.5mm。对焊缝进行磁粉探伤检查，不允许有裂纹等缺陷。

3. 防焊缝锈蚀措施

将焊缝彻底打磨、除锈并涂以防锈漆。在挖掘施工现场，对于已有的锈蚀焊缝，可根据实际情况选择手工除锈，缺点是工人劳动强度较大，人工费用较高；也可采用酸洗除锈方式，即以有机酸为主要基料，配以缓蚀剂、表面活性剂、除锈剂、防锈剂和成膜剂等复合材料，调制成具有除锈、防锈和底漆功能的酸洗溶液，通过清洗达到除锈和防锈的目的。

此外，在使用过程中，还应注意使挖掘机经常处于清洁和干燥的环境中，保持通风良好，及时排除侵蚀性气体和湿气。

第五章　起　重　机　械

第一节　塔　式　起　重　机

塔式起重机，简称塔机或塔吊，为什么称塔式起重机呢？因为早期的塔式起重机外形设计像铁塔。现代的塔机除了塔身钢构件外，已经很难看出铁塔的样子了。塔机的种类也很多，若按有无行走机构划分，有固定式和移动式；若按塔身结构划分，有上回转式、下回转式两类；若按变幅方式划分，有俯仰变幅起重臂（动臂）和小车变幅起重臂（平臂）塔吊；若按起重量划分，有轻型、中型与重型三类。塔式起重机具有适用范围广、起升高度高、回转半径大、工作效率高、操作简便、运转可靠等特点。

一、塔式起重机的分类

1. 按有无行走机构分类

（1）固定式塔式起重机。通过连接件将塔身基架固定在地基基础或结构物上，进行起重作业的塔式起重机。

固定式塔式塔吊根据装设位置的不同，又分为附着自升式和内爬式两种，附着自升塔式塔吊能随建筑物升高而升高，适用于高层建筑，建筑结构仅承受由塔吊传来的水平载荷，附着方便，但占用结构用钢多；内爬式塔吊在建筑物内部（电梯井、楼梯间），借助一套托架和提升系统进行爬升，顶升较烦琐，但占用结构用钢少，不需要装设基础，全部自重及载荷均由建筑物承受。

自升式塔机在火电建设工程中用得比较多。自升式塔机又分附着自升式塔机和内爬式塔机两种。

附着自升式塔机是指塔身依附在建筑物上，随建筑物的升高而沿着层高逐渐爬升。首先，附着自升式塔机都是上回转式塔机，这很容易理解，如果是下回转，塔身附着后，塔机就只能定向工作了。

内爬式塔机必须设置在建筑物内部，通过支承在结构物上的专门装置，使整机能随着建筑物的高度增加而升高的塔式起重机。内爬式塔机也都是上回转式塔机。

（2）移动式塔式起重机。具有运行装置，可以行走的塔式起重机。根据行走装置的不同，又可分为轨道式、轮胎式、汽车式、履带式。

轨道式塔式塔吊塔身固定于行走底架上，可在专设的轨道上运行，稳定性好，能带负荷行走，工作效率高，因而广泛应用于建筑安装工程。轮胎式、汽车式和履带式塔式塔吊无轨道装置，移动方便，但不能带负荷行走、稳定性较差。

2. 按塔身结构分类

（1）上回转塔式起重机。常见的塔式起重机大多是上回转式塔机，包括城市里常见的建筑类塔机。上回转塔式起重机将回转支承，平衡重等主要机构均设置在上端，工作时塔身不回转，而是通过支承装置安装在塔顶上的转塔（起重臂、平衡臂及塔帽等组成）旋转。其优点是由于塔身不回转，可简化塔身下部结构、顶升加节方便。缺点：当建筑物超过塔身高度时，由于平衡臂的影响，限制起重机的回转，同时重心较高，风压增大，压重增加，使整机总重力增加。

（2）下回转塔式起重机。下回转塔式起重机除承载能力大之外，还具有以下特点：由于平衡重放在塔身下部的平台上，因此整机重心较低，安全性高；由于大部分机构均安装在塔身下部平台上，使维护工作方便，减少了高空作业。但由于平台较低，为使起重机回转方便，必须安装在离开建筑物有一定安全距离的位置处。

3. 按变幅方式分类

（1）小车变幅式。这类塔式起重机的起重臂固定在水平位置上，变幅是通过起重臂上的运行小车来实现的，它能充分利用幅度，起重小车可以开到靠近塔身的地方，变幅迅速，但不能调整仰角。

（2）动臂变幅式。这类塔式起重机的吊钩滑轮组的定滑轮固定在吊臂头部，起重机变幅由改变起重臂的仰角来实现，这种塔式起重机可以充分发挥起重高度。

（3）折臂变幅式。这类塔式起重机的基本特点是小车变幅式，同时吸收了动臂变幅式的某些优点。它的吊臂由前后两段（前段吊臂永远保持水平状态，后段可以俯仰摆动）组成，也配有起重小车，构造上与小车变幅式的吊臂、小车相同。

4. 按起重量分类

目前，塔式起重机多以重量或力矩来分，一般有轻型、中型与重型三类。

（1）轻型。起重量为 0.3～3t，起重力矩不大于 400kN·m，一般用于五层以下的民用建筑施工中。

（2）中型。起重量为 3～15t，起重力矩 600～1200kN·m，一般用于工业建筑和较高层的民用建筑施工中。

（3）重型。起重量为 20t 以上，起重力矩≥1200kN·m，一般用于重型工业厂房，以及高炉、化工塔等设备的吊装工程中。

二、塔吊基础

塔吊基础是塔吊的根本，实践证明有不少重大安全事故都是由于塔吊基础存在问题而引起的，它是影响塔吊整体稳定性的一个重要因素。有的事故是由于工地为了抢工期，在混凝土强度不够的情况下而草率安装，有的事故是由于地耐力不够，有的是由于在基础附近开挖而导致甚至滑坡产生位移，或是由于积水而产生不均匀的沉降等，诸如此类，都会造成严重的安全事故。必须引起我们的高度重视，来不得半点含糊，塔吊的稳定性就是塔吊抗倾覆的能力，塔吊最大的事故就是倾翻倒塌。做塔吊基础时，一定要确保地耐力符合设计要求，钢筋混凝土的强度至少达到设计值的 80%。有地下室工程的塔吊基础要采取特别的处理措施：有的要在基础下打桩，并将桩端的钢筋与基础地脚螺栓牢固地焊接在一起。混凝土基础底面要平整夯实，基础底部不能做成锅底状。基础的地脚螺栓尺寸误差必须严格按照基础图的要求施工，地脚螺栓露出地面的长度要足够，每个地脚螺栓要双螺母预紧。在安装前要对基础表面进行处理，保证基础的水平度不能超过 1/1000。同时塔吊基础不得积水，积水会造成塔吊基础的不均匀沉降。在塔吊基础附近内不得随意挖坑或开沟。

三、塔式起重机的结构

因塔机较高，工作幅度较大，工作状态不稳定，结构的安全性就显得非常重要。下面介绍一些常见的塔身和吊臂的结构型式。

1. 塔身

（1）塔身的种类与特点。塔身采用空间桁架结构，承受压、弯、扭和横向剪切四种载荷的作用。塔身大致有以下三种型式。

1）整体固定长度塔身。这种型式的结构简单，构造处理容易。也有一些塔机塔身可以通过接长节使其成为高塔。这种塔身常用的型材是圆钢管或者角钢，各段塔身之间常用的连接方法与自升塔标准节的连接方法类似。

2）伸缩式塔身。因内塔可以缩入外塔中，故减少了整机的拖运长度，提高了整机转场的机动性。在架设过程中，内外塔要产生相对的伸缩运动，对塔身外形尺寸的要求比较严格。在塔身伸出后，内外塔在搭接点处不应留有间隙，以免在工作过程中产生晃动和冲击作用。

3）自升式塔身。自升式塔身是由标准节构成的。从理论上来说这种塔身由于与建筑物或者电站锅炉附着在一起的其高度可以不受限制。标准节分为拼装标准节和整体标准节。拼装标准节有利于仓储和运输，塔机可做成内套架的爬升塔，使得整机的外形紧凑。但由于拼装点多，安装比较麻烦，增加了安全检查的工作量。整体标准节是焊成整体的空间桁架，在外套架爬升塔上使用得较多。由于体积较大，实体的充实率很低，仓储和运输不方便，但安装比较方便。

（2）塔身结构的连接。塔身是空间桁架，除了焊接节点要满足设计和有关焊接标准，也不可忽视各段塔身之间的相互连接。常用的连接方法有法兰盘连接、高强螺栓连接、销轴连接、瓦套连接等。

2. 吊臂

吊臂的种类按照塔式起重机变幅的方式分为俯仰式和水平式。

俯仰式变幅的塔式起重机采用的俯仰式吊臂有杠杆式吊臂和压杆式吊臂两种。

杠杆式吊臂是动臂变幅式塔式起重机的主要型式。压杆式吊臂有伸缩和不伸缩两种，伸缩式吊臂和伸缩式塔身类同，用于下回转伸缩塔身的塔式起重机，其目的是为了减小整机的托运长度。两节臂间采用销轴连接，内外壁在缩回后相重叠的部分都采用不变的矩形截面；而根部和端部都是变截面的，一般采用角钢制作而成，其伸缩过程都是随塔身一起进行的。不伸缩吊臂有固定长度的，也有通过加减节来改变吊臂长度的。这种结构比较简单。对于固定长度的吊臂，在变幅平面内，吊臂的中部多是等高度桁架，而两端部则是逐渐减小，呈梯形变化。在回转平面内，吊臂宽度由根部到端部逐渐变窄。而长度可变的吊臂中部都是等截面，有利于增减臂架的节数。外伸缩吊臂多用角钢和圆管制造，加工精度要求不高。吊臂各节之间的连接方式与塔身的连接方式相同。

水平式吊架多采用正三角形断面，用方钢管或槽钢制成的下弦杆做运行小车的轨道，上弦杆用钢管或圆钢等制成。通常水平臂有拉索支撑或无拉索支撑两种。有拉索支撑的吊臂在力学上压弯杆件，它比无拉索支撑的吊臂受力状态好，结构质量轻。根据吊臂长短有双拉索和单拉索两种结构型式。

单拉索的结构形式简单，受力状态比较明确，安装因素对受力状态影响较小，可以不考虑。单拉索在吊臂上有上吊点和下吊点之分，无论采用哪一种吊点，拉索的中心轴线都应与桁架的节点相交，保证在吊点处不产生附加的弯曲或扭转应力。通常下吊点要有两根拉索，因此结构比上吊点复杂，在相同的受力状态下，下吊点拉索的长度要比上吊点拉索的长度大，所以，用上吊点比较多。从力学的角度分析，上吊点多设在居臂端占全长的三分之一处。而一些下回转的塔机，由于折臂的需要，将吊点设在折臂点后。

双拉索多用于较长的吊臂结构。按其吊臂中部是否有铰点而分为静定受力系统和超静定受力系统。从理论上来说，超静定受力系统结构的受力状态要好一些，但拉索的长度、吊臂上吊点的位置、塔顶的高度等尺寸的精度直接影响着这一系统的实际受力状态。若结构的制造误差过大，将产生实际应力大于理论计算应力的状态，所以，采用超静定受力系统结构应有较高的加工精度。对于吊臂有铰点的静定双拉索系统，理论应力状态和实际应力状态相差不大，而且两拉索的长度可以根据需要进行调节。当然吊臂铰接处撑架的增加，也为结构的处理带来一定的麻烦，但不至于因拉索被拉长而产生附加应力。

无拉索水平臂在力学上是悬臂梁结构，由于吊臂没有拉索支撑，吊臂根部的弯矩很大，这要求吊臂的上下弦杆有较大的截面积，但这种结构型式特别简单。

3. 塔顶结构

塔顶的型式一般可分为刚性的和可摆动的两种，主要作用是支承吊臂。对于上回转的塔式起重机，刚性塔顶还起到支承平衡臂的作用。

塔顶结构集中了由吊臂及平衡臂传来的载荷，再传递给回转支座、塔身，因此，不仅要考虑安装的方便，还要保证强度、刚度、稳定性要求。

刚性塔顶受弯矩、压力、剪切作用。可摆动塔顶受压力载荷作用（轴心受压）。

塔顶部件的 5 种不同构造型式示意图如图 5-1 所示。

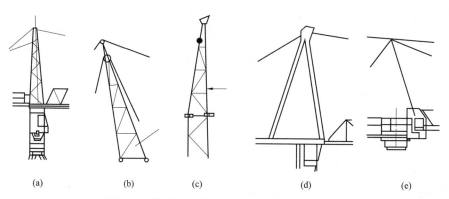

(a)　　　　　(b)　　　　　(c)　　　　　(d)　　　　　(e)

图 5-1　塔顶部件的 5 种不同构造型式示意图

（a）直立截锥柱式；（b）后倾截锥柱式；（c）前倾截锥柱式；（d）人字架式；（e）斜撑架式

4. 平衡臂

（1）平衡臂的作用。

1）放置配重，产生后倾力矩以便在工作状态减少由吊重引起的前倾力矩，在非工作状态减少强风引起的前倾力矩，并保证其抗倾翻稳定性。

2）在采用可摆动塔顶撑杆时，平衡臂还要对塔顶撑杆起支撑作用；在采用固定塔顶时，平衡臂则是靠塔顶来支撑的。

3）平衡臂上可放置起升或变幅机构。

4）平衡臂上可安装风帆标牌，调节逆风面积，保证非工作状态时尾吹风。

（2）平衡壁分类。平衡臂一般可分为：

1）和塔身活动铰接，用于固定塔顶，大多数采用实腹型钢作主梁；受压力载荷作用（轴心受压）。

2）和塔身刚性固定，用于可摆动塔顶，大多数采用空间桁架梁，截面和自重都较活动铰接大。

四、液压顶升装置

对于上回转自升式塔机或者内爬式塔机，都要有液压顶升装置，它配合爬升套架一起，完成自升功能或内爬功能。下面以自升式塔机的顶升加节为代表来说明这一问题。

1. 液压系统传动的工作原理

液压系统传动的主要工作原理：受压液体介质，只传递压强，而其力的方向总是与液体的界面垂直。我们知道：作用在一个面上的力，等于其面积与压强的乘积。只要我们能设法提高液体的内压强，再把活塞面做得足够大，就可以在活塞上获得相当大的压力，这就是液压缸的作用。而增加压强，可以用小活塞去实现。每个小活塞受的力不大，但要有足够快的运动速度，才能获得足够的高压介质的流量，这就是液压泵的作用。

2. 典型的液压顶升系统分析

（1）泵。系统的动力源是一台电动机带动一个油泵，二者装在油箱之上。电动机就用普通的笼型电动机即可，因为它无需调速和制动。泵按压力高低的不同，可以是叶片泵、齿轮泵和柱塞泵，以叶片泵压力最低，柱塞泵压力最高，用得最多的是齿轮泵，压力正处于中高档。

（2）溢流阀。液压油从油箱经过加压以后，首先要布置一个压力表显示压力，同时也要有个溢流阀来控制系统最高压力。溢流阀也称为安全阀，它有一个辅助接口，使阀芯能在高压油推动下移动，从而接通主通道，使压力油直回油箱。产生溢流压力的大小人为调节。这样可以保护泵不至于在过高的压力下工作。

（3）换向控制阀。在顶升回路里，换向阀一般采用三位四通的手动换向阀。顶升液压缸是双向可逆的，其中没有活塞杆的一端称为油缸大腔，有活塞杆的一端称为小腔。三位是指换向阀有三个操作位置，即中间位、顶升位、回缩位。当处于中间位时，进油口与回油口直通，高压油直接回油箱，活塞不动作。当打入顶升位时，进油口通油缸大腔，回油口接小腔，油缸活塞杆慢慢伸出，实现顶升作业。当打入回缩位置时，进油口通小腔，回油口接大腔，这时活塞杆回缩。

（4）平衡阀。在实际顶升作业中，为了保障油缸工作的平稳，无论大腔或小腔，回油口是不能直接通油箱的，回油速度也要受到压力控制，这就是背压。为什么回油压力要控制呢？因为活塞在某个速度下，大腔和小腔排油量是不相同的，如果油液自由排出，会造成压力的随便升降，活塞两侧受力就不稳定，活塞杆工作就不稳定。平衡阀就是用来控制排油的压力的。只有在某一压力下，平衡阀才能打开，开始排油，不达压力就关闭，就不会排油，这样作用在活塞两侧的压力就稳定了，油缸的工作也就平稳了。有了平衡阀，还可以避免下降时可能产生的超速现象，即使换向阀打到中位，塔机上部可在空中停留一段时间保持不动。平衡阀最好与油缸直连，不再设管，这样，即使进油口压力油管破裂，有平衡阀锁住回油腔，也不至于有油缸突然回缩的危险。

（5）过滤网。液压系统是最怕小孔堵塞的，因为小孔堵塞会导致功能失常，从而使系统出故障。为此液压油要求非常清洁，不含杂质。为此，在回油口要设过滤网，以吸附油内杂质。过滤网还要经常清洗，把网上杂质清除干净。

五、安全保护装置

塔式起重机是高空作业设备，本身又高，覆盖面又大，臂架活动区域往往伸到非施工面范围，加上操作人员和安装人员常常在高空作业，所以安全要求很高。除了施工现场要有严格的安全施工规程以外，在塔机本体上，也设置了一些安全保护装置。在塔机使用中，用户应该要保证这些安全保护装置正常发挥作用。任何忽视安全保护装置的做法都有可能引起重大事故和损失。下面分别介绍这些安全装置的机理和作用。

1. 起重力矩限制器

起重力矩限制器是用来限制塔机的起重力矩的。在塔机型号介绍中已经讲过，塔机的型号是以其主参数起重力矩来划分的。一台塔机的额定起重力矩是以其基本臂长（m）和相应起重量（t）的乘积来定义的。所以起重力矩是最重要的主参数，超力矩起重是最危险的事情，严重的会导致机毁人亡。故塔机上必须设起重力矩限制器，以便接近危险工况就报警或断电，不允许塔机超力矩使用。

2. 起重量限制器

起重量限制器是限制起重量的。其作用：① 保护电动机，不至于让电动机超载过多；② 给出信号，及时切换电动机的极数，不至于发生高速挡吊重载，防止起升机构出现反转溜车事故。起重量限制器同样也是一个很重要的安全保护装置。

3. 高度限位器

起升高度限位器用以限制吊钩的起升高度，以防止吊钩上的滑轮碰吊臂，也就是防止冲顶。在张力限制器没有调好的情况下，冲顶往往会绞断钢丝绳，吊钩掉落，这是很危险的。起升高度限位器就多一层保护。

4. 变幅限位器

老式塔机的变幅限位器采用碰块直接触动限位开关。臂架式的小车上就装有碰块，臂头和臂根部都装有限位开关，对小车向外和向内行走都有限位。

5. 回转限位器

回转限位器的目的是防止单方向回转圈数过多，使电缆打扭。现在的回转限位器几乎都使用多功能限位器。其回转运动的输入是在上回转支座上装一个支架，在支架上安装一个带钢板齿轮的多功能限位器，该钢板齿轮与回转支承的大齿圈开式啮合，钢板齿轮的轴与多功能限位器的伸出轴相连，如图5-2所示。当塔机

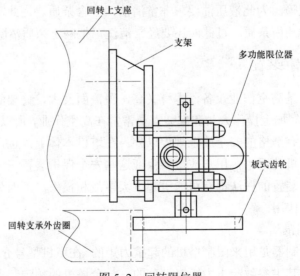

图 5-2　回转限位器

回转时，大齿圈带动钢板齿轮转，从而带动限位凸轮，通过微动开关对回转机构的电路加以控制。

6. 夜间防撞警示灯

高塔应该设防撞警示灯，以免发生航空灾难。

7. 风速仪

高塔风力特大，标准规定 6 级风以上禁止作业，4 级风以上禁止顶升加节，所以风速仪也是塔机重要的安全装置。

8. 避雷针

50m 以上高塔应该设置避雷针，以防雷击和塔机产生过大的静电感应。

六、电控系统的安全保护措施

1. 对电动机的保护

（1）短路保护。一般熔断器和过电流自动脱扣开关就是短路保护装置。三相异步电动机发生短路故障或接线错误短路时将产生很大的短路电流，如不及时切断电源，将会使电动机烧毁，甚至引发更重大的事故。加装短路保护装置后，短路电流就会使装在熔断器中的熔体或熔丝立即熔断，从而切断电源，保护了电动机及其他电气设备。

为了不使故障范围扩大，熔断器应逐级安装，使之只切断电路里的故障部分。但熔断器应装在开关的负载侧，以保证更换熔丝时，只要拉开开关就可在不带电的情况下操作，常用的熔断器有 RC 型（插入型）、RI 型（螺旋型）、RTO 型（管式）和 RS 型（快速式）。

（2）过载保护。热继电器就是电动机的过载保护装置。电动机因某种原因发生短时过载运行并不会马上烧坏电动机。但长时间过载运行就会严重过热而烧坏铁芯绕组，或者损坏绝缘而降低使用寿命。因此，在电动机电路中需要装热继电器加以保护。在电动机通过额定电流时，热继电器并不动作，当电流超过额定值20%以上连续运行时，热继电器应在 20min 内动作，切断控制电路并通过连锁装置断开电源。一般热继电器的运作电流定为电动机额定电流的 1.2 倍。需要指出：由于塔式起重机每个工作循环周期较短，大约 10min 以内。因而靠热继电器动作来保护电动机作用并不大，因为热继电器的热元件是靠电流值在起作用，要发生作用需要时间较长。但塔机电动机发热主要在低速运行，低速散热条件差，电流未必大多少，可绕组发热严重，温度很高。特别是带涡流制动器的绕线电动机，如果没有强制通风散热，低速运行是烧坏电动机的主要原因。这种情况下一是最好加强通风，再一个办法是绕组内预埋热敏电阻。当绕组温度升到一定值，就让切断控制回路，让该电动机断电。这是一种较好的保护电动机的办法。然而热敏电阻的动作要校准，而用户却常常忽视这种校准工作，而且一看到用热敏电阻容易断电就不愿意用它，实际上这是一种违背科学的做法，是损耗性的操作。

（3）失电压保护。电动机的电磁转矩是与电压的平方成正比的，即 $N=V^2/R$。若电源电压过低，而外负载仍然是额定负荷，那就将使电动机的转速下降，依靠加大转差率来获得所需要的电磁转矩。这时转子内感应电流大大增加，跟随着定子电流也增加。电动机长时间地在低速大电流下运行，发热严重。$N=I^2 \cdot R$。这将使电动机容易烧坏。所以在电压过低时，应及时切断电动机的电源，这就要求有失电压保护。塔式起重机要求电源电压不得低于额定工作电压的 10%。但实际上很多工地做不到。这时只能靠失电压保护装置来控制。失电压保护装置一般设在自动脱扣的自动空气开关内，还有自耦降压补偿器，也设有失电压脱扣装置。在接触器的电磁线圈控制回路中，对电压也有要求，电压过低线圈磁力保不住，也会跳开。如果工地老发生这种现象，就应调整电源电压。必要时就要加大变压器的容量。

（4）相序保护器。相序保护器是控制继电器的一种，能自动相序判别的保护继电器，保证一些特殊机电设备。因为电源相序接反后倒转而导致事故或设备损坏，如电梯、行吊、电动机等如果电源在维修后相序出错会导致事故的发生，必须在控制回路接入相序保护器，保证相序无误。其工作原理如下。

取样三相电源并进行处理，在电源相序和保护器端子输入的相序相符的情况下，其输出继电器接通，设备主控制回路接通。现有两类产品：① 当电源相序发生变化时，相序不符，输出继电器无法接通，从而保护了设备，避免事故的发生；② 采用数字微芯技术产品，可实现自动相序识别，并实现自动相序转换，保证电动机恒定相序转动。

三相电源依次接入保护器的 U、V、W（有的是 R、S、T 或 L1、L2、L3）三个接线点，相序保护器的辅助触点一般有动合、动断。接入控制回路中，具体接动合还是动断根据控制原理或者接线图来接，当相序错误或者缺相的时候保护器的辅助触点动作动合变动断，动断变动合。若起到保护作用，应该接动断触点。

2. 人身安全保护

塔式起重机主要由金属结构件组成，如果电路漏电，对人的威胁是很大的，所以电气系统必须要有这方面的保护。

（1）操作系统安全电压。塔机的控制电路，要求用电源隔离变压器把 380V 电压变为 48V 以下的安全电压，这样人接触动力电压的机会就很少了，可以提高安全保障。

（2）可靠的接地。塔机的金属结构、电控柜都要可靠地接地，接地电阻不得大于 4Ω，要经常检查。塔机的电源是三相四线制供电。电气系统的中性线要与电源的中性线接好，不可随意接在金属构件上，中性线与地线（0 线）要分开，以免发生意外漏电事故或三相电压不平衡。这就是三相四线制的要求。

（3）保证电气系统的绝缘良好。要经常检查电路系统对地的绝缘，绝缘电阻应当大于 0.5MΩ。当然越大越好，防止意外接通金属结构件，电线电缆不要与尖锐的金属边缘接触，以防磨破发生漏电事故。

3. 信号显示装置

一台塔机立起来后，总是要和周围的人和物发生关系，会影响周围环境条件，因此有必要设置信号显示装置，提醒所有相关人员的注意。

（1）电铃。塔机电气系统装有电铃或报警器，塔机运行前，司机须用电铃声响通知相关人员，提醒注意：塔机要动作了。当塔机超力矩或超重量时，应发出报警声，司机自己也就知道要小心谨慎了。

（2）蜂鸣器及超力矩指示灯。联动操作台内设蜂鸣器，当塔机起重力矩达到额定力矩的 90% 时报警，预先提醒司机小心操作，快到满负荷了，100% 时自动断电。

（3）障碍指示灯。为避免其他物体与塔机发生碰撞，在塔机顶部和起重臂前端，应各装一个红色障碍灯，以指示塔机的最大轮廓、高耸高度和位置。塔顶高度大于 30m 且高于周围建筑物的塔机，应在塔顶和臂架端部安装红色障碍指示灯，该指示灯的供电不应受停机的影响。

（4）电源指示。在塔机的操作台面板上，应该装有电源指示灯和电压表，当合上自动空气开关后，总电源接通，电压表的电压就可显示出来。一般要求电压在 380（1±5%）V 的范围内才可以正常操作。当按下总开关按钮后，电源指示灯亮，表示控制系统已通电，塔机已准备好，可以正常工作。

七、塔式起重机的维护保养

由于塔吊施工涉及机电运转和高空作业等风险领域，故施工安全也成了每个塔吊驾驶员都必须重视的事项。

1. 金属结构件的维修与保养

（1）严格执行起重机钢结构件报废标准。

（2）对主要受力的结构件应检查金属疲劳强度、焊缝裂纹、结构变形、破损等情况，对主要受力结构件的关键焊缝及焊接热影响区的母材应进行检查，若发现异常，应进行处理。结构件的检查应按下列程序进行。

1）日常检查：塔吊每工作 24h 应进行一次日常检查。塔吊司机在交接班时，应检查各连接部位螺栓的紧固情况，如有松动应及时紧固。

2）当塔吊出现异常声响，或出现过误操作，或发现塔吊安全保护装置失灵等情况时，应进行检查，并做好记录。

3）当一个工程完成，塔吊拆卸后，应由工程技术人员和专业维修人员进行详细检查，并做好记录。

（3）在运输过程中应尽量设法防止结构件变形和碰撞损坏。

（4）每半年至一年喷刷油漆一次。喷漆前应除尽金属表面的锈斑、油污及其他污物。

2. 钢丝绳及其维护保养

（1）在使用过程中，应防止钢丝绳打环、扭结、弯折或粘上杂物，防止与机械或其他杂物相摩擦。

（2）塔吊安装完毕（使用前）应对钢丝绳进行润滑，用石墨润滑脂涂抹一遍，以后对钢丝绳的润滑按起重机润滑表进行。

（3）塔吊的总体设计不允许钢丝绳具有无限期的寿命，有下列情况之一应予以报废。

1）钢丝绳 6×19—D（D 钢丝绳的直径）在 6D 长度内断丝数量超过 5 根，在 30D 长度内断丝数量超过 10 根。

2）钢丝绳 6×37—D（D 钢丝绳的直径）在 6D 长度内断丝数量超过 10 根，在 30D 长度内断丝数量超过 19 根。

3）钢丝绳紧靠在一起，即使在 6D 长度内断丝数量没超过 5 根，也应报废。

4）钢丝绳虽然没有断丝，但钢丝绳磨损达到其直径的 40%，或钢丝绳相对于公称直径减小 7%甚至更多时，或钢丝绳明显弯曲等。

5）钢丝绳失去正常的形状，产生畸形，如波浪、笼状畸变、绳股挤出、钢丝挤出、绳径局部变大、扭结、绳径局部变小、部分被压扁、弯折。

6）钢丝绳径受了特殊热力作用，外部出现了可识别的颜色时。

说明：当吊运熔化或炽热金属、酸溶液、爆炸物、易燃物时，钢丝绳断丝报废数量减半。

3. 机械部分的保养和修理

（1）日常保养。

1）经常保持各机构的清洁，及时清扫各部分灰尘。

2）检查各减速器的油量，如低于规定油面高度应及时加油。

3）检查各减速机的透气塞是否能自由排气，若阻塞，应及时疏通。

4）检查各制动器的效能，如不灵敏可靠应及时调整。

5）检查各连接处的螺栓，如有松动和脱落应及时紧固和增补。

6）检查各种安全装置，如发现失灵情况应及时调整。

7）检查各部位钢丝绳和滑轮，如发现过度磨损情况应及时处理。

8）检查各润滑部位的润滑情况，及时添加润滑脂。

（2）小修（塔吊工作 1000h 以后进行）。

1）进行日常保养的各项工作。

2）拆检清洗减速机的齿轮，调整齿侧间隙。

3）清洗开式传动的齿轮，调整后涂抹润滑脂。

4）检查和调整回转支承装置。

5）检查和调整制动器和安全装置。

6）检查吊钩、滑轮和钢丝绳的磨损情况，必要时进行调整、修复和更换。

（3）中修（塔吊工作 4000h 以后进行）。

1）进行小修的各项工作。

2）修复或更换各联轴器的损坏件。

3）修复或更换制动瓦。

4）更换钢丝绳、滑轮等。

5）检查回转支承部分各连接螺栓，必要时更换，注意：更换时采用高强螺栓。

6）除锈、油漆。

（4）大修（塔吊工作 8000h 以后进行）。

1）进行小修和中修的各项工作。

2）修复或更换制动轮、制动器等。

3）修复或更换减速机总成。

4）修复或更换回转支承总成。

4. 其他主要部件的维护和保养

（1）制动器零件有下列情况之一的应予以更换或报废：

1）驱动装置。

a. 磁铁线圈或电动机绕组烧损。

b. 推动器推力达不到松闸要求或无推力。

2）制动弹簧。

a. 弹簧出现塑性变形且变形量达到了弹簧工作变形量的 10%以上。

b. 弹簧表面出现 20%以上的锈蚀或有裂纹等缺陷的明显损伤。

3）传动构件。

a. 构件出现影响性能的严重变形。

b. 主要摆动铰点出现严重磨损，并且磨损导致制动器驱动行程损失达原驱动行程 20%以上时。

4）制动衬垫。

a. 铆接或组装式制动衬垫的磨损量达到衬垫原始厚度的 50%。

b. 带钢背的卡装式制动衬垫的磨损量达到衬垫原始厚度的 2/3。

c. 制动衬垫表面出现炭化或剥脱面积达到衬垫面积的 30%。

d. 制动衬垫表面出现裂纹或严重的龟裂现象。

5）制动轮出现下述情况之一时，应报废：

a. 影响性能的表面裂纹等缺陷。

b. 起升、变幅机构的制动轮，制动面厚度磨损达原厚度的 40%。

c. 其他机构的制动轮，制动面厚度磨损达原厚度的 50%。

d. 轮面凹凸不平度达 1.5mm 时，如能修理，修复后制动面厚度应符合本条中 b、c 的要求。

（2）吊钩禁止补焊。

（3）卷筒和滑轮有下列情况之一的应予以报废：

1）裂纹和轮缘破损。

2）卷筒壁磨损量达原壁厚的 20%。

3）滑轮绳槽底的磨损量超过相应钢丝绳直径的 25%。

（4）车轮有下列情况之一的应予以报废：

1）裂纹。

2）车轮踏面厚度磨损量达原厚度的 15%。

3）车轮轮缘厚度磨损量达原厚度的 50%。

4）轮缘弯曲变形达原厚度的 20%。

（5）操作司机必须经常检查安全限制器灵敏程度及有效情况，如发现失灵应及时调整或维修，决不允许将限制器线路拆掉。

5. 回转支承装置的维护保养

（1）回转支承的安装支座（支承齿圈下底面的座子和置于内座圈上表面的座

子）必须有足够的刚性，安装面要平整。装配回转支承以前支座应进行去应力处理，减少回转支承支座的变形。装配时支座和回转支承的接触面必须清理干净。

（2）使用中应注意噪声的变化和回转阻力矩的变化，如有不正常现象应拆检。

（3）回转支承必须水平起吊或存放，切勿垂直起吊或存放，以免变形。

（4）在螺栓完全拧紧以前，应进行齿轮的啮合检查，其啮合状况应符合齿轮精度的要求：即齿轮副在轻微的制动下运转后齿面上分布的接触斑点在轮齿高度方向上不小于 25%，在轮齿长度方向上不小于 30%。

（5）齿面工作 10 个班次应清除一次杂物，并重新涂上润滑脂。

（6）为确保螺栓工作的可靠性，避免螺栓预紧力的不足，回转支承工作的第一个 100h 和 500h 后，均应分别检查螺栓的预紧扭矩。此后每工作 1000h 应检查一次预紧扭矩。

（7）连接回转支承的螺栓和螺母均采用高强螺栓和螺母；采用双螺母紧固和防松。

（8）拧紧螺母时，应在螺栓的螺纹及螺母端面涂润滑油，并应用扭矩扳手在圆周方向对称均匀多次拧紧。最后一遍拧紧时，每个螺栓上预紧扭矩应大致均匀。

（9）在回转支承的齿圈上表面对准滚道的部位均匀分布了 4 个油杯，由此向滚道内添加润滑脂。在一般情况下，回转支承运转 50h 润滑一次。加油时每次必须加足，直至从密封处渗出油脂为止。

另外，在每次塔吊开动之前，都需要塔吊空车运转并检查以下事项，从而防患于未然。

① 行走部分及塔身各连接部是否牢靠。

② 传动部分润滑油量是否充足，声音是否正常。

③ 钢丝绳的磨损情况。

④ 负荷限制器的额定最大起重量位置是否有变。

⑤ 各控制器转动装置是否正常。

⑥ 制动器运转是否正常。

6. 塔吊常见故障

（1）制动器打滑产生吊钩下滑和变幅小车制动后向外溜车。

（2）制动器运转过程中发热冒烟。

（3）减速器温度过高。

（4）减速器轴承温度过高。

（5）减速器漏油。

（6）顶升太慢。

（7）顶升无力或不能顶升。

（8）顶升升压时出现噪声振动。

（9）顶升系统不工作。

（10）顶升时发生颤动爬行。

（11）顶升有负载后自降。

（12）总启动按钮失灵。

（13）起升动作时跳闸。

（14）起升机构不能起动。

（15）牵引机构有异常噪声振动过大。

（16）牵引机构轴承过热。

（17）牵引机构带电。

（18）牵引机构制动器失灵。

（19）牵引机构电动机温升过高或冒烟。

（20）回转机构启动不了。

第二节 履带式起重机

履带式起重机，是一种高层建筑和电力建设施工用的自行式起重机，是一种利用履带行走的动臂旋转起重机。履带接地面积大，通过性好，适应性强，可带载行走，适用于建筑和电力建设工地的吊装作业。可进行挖土、夯土、打桩等多种作业。但因行走速度缓慢，转移工地需要其他车辆搬运。

一、履带式起重机的组成及各部分工作原理

履带式起重机是在行走的履带式底盘上装有行走装置、起重装置、变幅装置、回转装置的起重机。履带式起重机有一个独立的能源，结构紧凑、外形尺寸相对较小，机动性好，可满足工程起重机流动性的要求，比较适合建筑和电力建设施工的需要，到达作业现场就可随时进入工作状态。

1. 履带式起重机的组成部分

如图 5-3 所示，履带式起重机主要由下列几部分组成。

（1）取物装置。履带式起重机的取物装置主要是吊钩（抓斗、电磁吸盘等作为附属装置）。

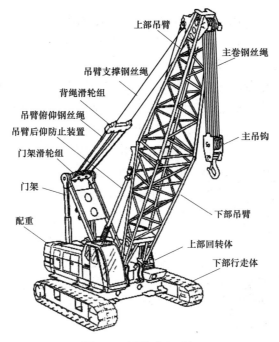

上部吊臂

主卷钢丝绳

吊臂支撑钢丝绳

背绳滑轮组

吊臂俯仰钢丝绳

吊臂后仰防止装置

门架滑轮组

门架

配重

主吊钩

下部吊臂

上部回转体

下部行走体

图 5-3　履带式起重机

（2）吊臂。用来支承起升钢丝绳、滑轮组的钢结构，它可以俯仰以改变工作半径。它直接装在上部回转平台上。吊臂可以根据施工需要在基本吊臂基础上接长。在必要时，还可在主吊臂的顶端装一吊臂，扩大作业范围，这种吊臂称为副臂。

（3）上车回转部分。它是在起重作业时可以回转的部分，包括装在回转平台上除吊臂、配重、吊钩等以外的全部机构和装置。

（4）行走部分。它是履带式起重机的下部行走部分，是履带式起重机的底盘，同时也是上车回转部分的基础。主要由履带、驱动轮、导向轮、支重轮、上托轮、行走马达、行走减速箱、履带张紧装置、履带伸缩油缸等组成。

（5）回转支承部分。它是安装在下车底盘上用来支承上车回转部分的，包括回转支承装置的全部回转、滚动、不动的零部件和用来固定回转支承装置的机架等（不包括四转小齿轮）。

（6）配重。配重是安装在起重机回转平台尾部的具有一定形状的铁块，目的是确保起重机能稳定地工作。在必要时，这些铁块可以卸下后单独搬运。

（7）动力装置。动力装置即为动力源。在履带式起重机上，大部分动力装置为四冲程柴油发动机。在履带式起重机上，它把内燃机的机械能经液压油泵转变为液压能，经液压油管和各种控制阀将液压能传给液压马达和液压油缸，液压马达和液压油缸再将液压能转变为机械能驱动各工作机构。

（8）机械传动部分。它把内燃机的动力传递给液压油泵，再把液压马达、液压油缸的液压能变成机械能，带动各工作机构。机械传动部分主要由分动箱、减速箱、离合器、卷筒、轴、轴承、滑轮等部分组成。

（9）液压传动部分。主要由液压泵、液压马达、液压油缸、控制阀、液压油管、液压油箱等组成。液压油泵把内燃机的机械能转变为液压能，液压马达把液压能转化为机械能驱动各工作机构。由于液压传动调速方便，传动平稳，操纵轻便，元件体积小，质量轻，具有限速、自锁功能、总体布置合理等优点，在履带式起重机上被广泛应用。

（10）控制装置。控制装置是用以操纵和控制起重机各工作机构，使各机构能按要求进行启动、调速、换向、停止，从而实现起重机作业的各种动作。控制装置主要由操纵杆、控制阀、按钮、开关、控制器等组成。

（11）工作机构。履带式起重机的工作机构主要包括卷扬机构、变幅机构、回转机构等。卷扬机构可以实现吊钩的垂直上下运动；变幅机构可以实现吊钩在垂直平面内移动；回转机构可以实现吊钩在水平平面内移动。以上三种机构的组合，能实现吊钩在起重机力所能及范围内的任意空间运动。

（12）操纵机构。离合器、回转制动、变幅制动、行走制动、锁止机构等由储能器所储存的工作油操纵，而储能器的液压油由发动机后部的一个液压泵控制。从储能器出来的压力油被分配给电磁阀、液压阀和离合器阀，通过操纵操作室中相应的控制杆和开关控制这些阀，从而控制相应的机构。

（13）电气系统。电气系统可分为主电路、控制电路、监测器电路、制动控制电路、力矩限制器电路和自动停止电路等部分。

（14）安全装置。履带式起重机上的安全装置主要是为了履带式起重机的安全操作。履带式起重机上的安全装置主要有过卷保护装置、吊臂过倾保护装置、力矩限制器、吊臂角度指示器、卷扬棘爪、变幅棘爪、制动器、回转锁销等。

2. 履带式起重机各部分工作原理

（1）动力传递机构。整个机器包括上部机构、回转装置和底盘，操作是液压式的。三个液压泵直接与发动机相连，液压泵将液压压力传递给驱动负载卷扬、主臂（第三卷鼓）、回转及行走等各个液压马达。各液压回路中均设有一个安全阀，以防止由于过负荷或冲击压力损坏液压设备。所有的减速齿轮机构均为油浴式润滑。

（2）操纵机构。离合器、圆盘制动器、锁止机构由储能器所储存的工作油操纵，而储能器由装在发动机后部的第 4 个油泵操纵。从储能器出来的压力油被分配给电磁阀、液压阀和离合阀。这些阀通过操纵室中的相应控制杆和开关控制，从而控制相应的机构。在履带主动轮一侧，回转马达和主臂马达处装有圆盘制动器。

（3）卷扬机构。主卷鼓和辅卷鼓装在一根轴上。液压马达通过装在卷鼓轴中间的正齿轮减速一级，再通过内胀带式离合器将动力传给主卷鼓或铺卷鼓，两卷鼓分别装在卷鼓轴的两端，为液动式。负载的卷上和卷下是由操纵相应的卷鼓离合器和卷扬马达正、反转来进行控制的。通过将卷扬控制杆推至相应的位置，即可实现高、低速的选择。通过双控制阀的油被导入三联控制阀的卷扬回路，以提高卷上和卷下的速度，与此同时行走牵引和第三卷鼓不起作用。当卷扬操纵杆扳回到空挡位置时，卷扬马达的工作油被平衡阀切断，卷鼓停转。外抱带式卷扬制动器通过联结杆而与制动踏板联锁。当卷上和卷下时，制动应松脱，而当维持起吊的负载不动时，制动应起作用。当将离合器操纵杆扳到分离位置时，制动松开，即可实现自由下落。欲在行走中操纵卷扬或吊臂起俯时，供给单控制阀的油液导入三联控制阀的吊臂起俯和卷扬回路，因此时液压阀已先被牵引和组合控制开关所接通，故可实现行走中的吊臂起俯或负荷卷扬的操纵。

（4）主臂起俯机构。主臂起俯（变幅）马达的速度通过行星齿轮和正齿轮传动而减速两级后直接驱动变幅卷鼓。

通过改变马达的转向，即可实现吊臂的起升和俯下的转换。当吊臂变幅杆扳至空挡时，平衡阀关闭了变幅马达油路，卷鼓停转。

与此同时，装在马达和减速机之间的圆盘制动器自动制动，从而确保了安全。在变幅卷鼓一侧的凸缘上带有棘轮机构，棘轮与一棘爪相嵌时便锁住了变幅卷鼓。

当行驶中操作变幅（或卷扬）操纵杆时，供给单控制阀的液压油便将被导入三联控制阀的变幅式卷扬回路，前提是液压阀已通过行走和组合操纵开关而接通。

（5）回转机构。回转马达通过行星齿轮减速两级后带动回转主动小齿轮，小齿轮装在花键曲轴上，带动大齿圈。改变回转马达的转向，即可改变回转的方向。当回转操纵杆扳到空挡位置时，由于惯性，回转还将继续转一会儿。

通过驾驶室中的一个开关控制由蓄能器来的油流，便可控制回转马达和减速齿轮间的圆盘制动器的制动和松脱。

回转锁操纵杆为机械式，可锁住回转装置连同其上部结构，锁住位置任意。

（6）行走机构。行走马达通过减速机（正齿轮）三级减速后直接带动驱动轮，减速机与履带架为一体结构。

通过改变左、右行走马达的回转方向，即可实现吊车的前进、倒退、原地旋转及转弯的动作。当行走操作杆扳到空挡时，制动阀切断了马达油路，履带即停止转动。

装在马达和减速机之间的圆盘制动器（每边一个），可通过驾驶室中的一个开关控制由蓄能器来的油流，从而实现制动作用的控制。

通过选择阀可选择行走的快、慢速度。在高速行走时，蓄能器向此阀供油；在低速行走时，从此阀排出油。

（7）自动停止机构。

1）吊钩防过卷停止装置。当吊钩过卷而碰到重块时，微动开关的触点闭合而触动了卷扬自动停止继电器。这时，卷扬自动停止电磁阀去磁而卸载，卷扬释放阀开启，从而使油泵的油流回油箱，即停止了卷扬马达。

2）吊臂变幅过卷停止装置。当吊臂变幅角超过最大许可角 80° 时，变幅微动开关闭合而触动了变幅自动停止继电器。此时，吊臂变幅自动停止电磁阀去磁而卸载，释放阀开启，从而使油泵的油流回油箱，于是便停止了变幅马达的运转。

3）自动停止解除。为将变幅或卷扬由于过卷而自动停止的状态复原到正常操作状态，可按下"复位"按钮，并在保持此按钮处于按下状态的情况下，将变幅杆或卷扬杆朝相应地降低方向扳动，直到各自的微动开关开启为止。一旦微动开关开启，各相应的电磁阀和释放阀即关闭，液压油路便恢复到正常工作状态。两套自动停止装置的解除均用同一复位按钮。

二、性能指标

1. 参数

额定起重量或额定起重力矩。选用时主要取决于额定起重量、工作半径和起吊高度，常称起重三要素，起重三要素之间存在着相互制约的关系。其技术性能的表达方式通常采用起重性能曲线图或起重性能对应数字表。

履带式起重机的特点是操纵灵活，本身能回转360°，在平坦坚实的地面上能带负荷行驶。由于履带的作用，可在松软、泥泞的地面上作业，且可以在崎岖不平的场地行驶。在装配式结构施工中，特别是单层工业厂房结构安装中，履带式起重机得到广泛使用。履带式起重机的缺点是稳定性较差，不应超负荷吊装，行驶速度慢且履带易损坏路面，因而，转移时多用平板拖车装运。

2. 稳定性

履带式起重机超载吊装时或由于施工需要而接长起重臂时，为保证起重机的稳定性，保证在吊装中不发生倾覆事故需进行整个机身在作业时的稳定性验算。验算后，若不能满足要求，应采用增加配重等措施。

在图 5-4 所示的情况下（起重臂与行驶方向垂直），起重机的稳定性最差。此时，以履带中心点为倾覆中心，验算起重机的稳定性。

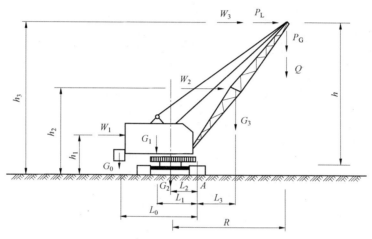

图 5-4　起重机稳定性验算

（1）当仅考虑吊装荷载，不考虑附加荷载时起重机的稳定性应满足：

$$K_1 = \frac{\text{稳定力矩}}{\text{倾覆力矩}} = \frac{G_1 L_1 + G_2 L_2 + G_0 L_0 - G_3 L_3}{(Q+q) + (R - L_2)} \geqslant 1.4$$

（2）考虑吊装荷载及所有附加荷载时，应满足下式要求

$$K_2 = \frac{G_1 L_1 + G_2 L_2 + G_0 L_0 - G_3 L_3 - MF - M_G - M_L}{(Q+q) + (R - L_2)} \geqslant 1.15$$

$$MF = W_1 h_1 + W_2 h_2 + W_3 h_3$$

$$M_G = P_G (R - L_2) = Qv(R - L_2)/(gt)$$

式中　K_1、K_2——稳定性安全系数，为计算方便，倾覆力矩取由吊重一项所产生的倾覆力矩，而"稳定力矩"则取全部稳定力矩与其他倾覆力矩之差，在施工现场中，为计算简单，常采用 K_1 验算；

　　　　G_0——平衡重，由于机身长，行驶时的转弯半径较大；

　　　　G_1——机身可转动部分的质量；

G_2——机身不转动部分的质量；

G_3——起重臂质量（起重臂接长时，为接长后质量）；

Q——吊装荷载（构件及索具质量）；

q——起重滑轮组及吊钩质量；

L_1——G_1重心至 A 点的距离；

L_2——G_2重心至 A 点的距离；

L_3——G_3重心至 A 点的距离；

L_0——G_0重心至 A 点的距离；

MF——风载引起的倾覆力矩，一般在 6 级风以上时不进行高空作业，6 级风以下时，臂长 $L<25m$ 可不考虑 MF；

W_1、W_2、W_3——作用于相应部位的风荷载；

M_G——构件下降时刹车惯性力引起的倾覆力矩；

P_G——惯性力；

v——吊钩下降速度（m/s），取吊钩起重速度的 1.5 倍；

g——重力加速度，9.8m/s^2；

t——从吊钩下降速度 v 变到 0 所需的制动时间（取 1s）；

M_L——起重机回转时的离心力引起的倾覆力矩，可按下式计算：

$$M_L = P_L h_3 = \frac{(Q+q)Rn^2 h_3}{900 - n^2 h}$$

P_L——离心力；

R——起重机的 G_2 中心至 P_G 的距离；

n——起重机回转速度，取 1r/min；

h——所吊构件于最低位置时，其重心至起重臂顶端的距离；

h_3——停机面至起重臂顶端的距离。

三、安全操作

（1）起重机带载行走时，载荷不得超过允许起质量的 70%，行走道路应坚实平整，坡度在 2° 范围内，重物应在起重机正前方向，重物离地面不得大于 0.5m，并应拴好拉绳，缓慢匀速行驶。不得长距离带载行驶。

（2）启动起重机时重点检查项目应符合下列要求：

1）各安全防护装置及各指示仪表安全完好。

2）钢丝绳及连接部位符合规定。

3）燃油、润滑油、液压油、冷却水等添加充足。

4）各连接件无松动。

（3）启动起重机前应将主离合器分离，各操纵杆放在空挡位置，并应按照规定启动内燃机。

（4）作业时，起重臂的最大仰角不得超过出厂规定。当无资料可查时，不得超过 78°。

（5）采用双机抬吊作业时，应选用起重性能相似的起重机进行。抬吊时应统一指挥，动作应配合协调。载荷应分配合理，各台吊车的起吊载荷不得超过允许载荷的 80%。在吊装过程中，两台起重机的吊钩滑轮组应保持垂直状态。

（6）启动内燃机后，应检查各仪表指示值，待运转正常再接合主离合器进行空载运转，顺序检查各工作机构及其制动器，确认正常后方可作业。

（7）起重机的变幅机构一般采用蜗杆减速器和自动动断带式制动器，这种制动器仅能起到辅助作用，如果操作中在起重臂未停稳前即换挡，由于起重臂下降的惯性超过了辅助制动器的摩擦力，将造成起重臂失控摔坏的事故。所以，起重机变幅应缓慢平稳，严禁在起重臂未停稳前变换挡位；起重机载荷达到额定起重量的 90%及以上时，必须办理安全施工作业票，施工现场技术负责人应在现场指导。

（8）起吊载荷接近满负荷时，其安全系数相应降低，操作中稍有疏忽，就会发生超载，在起吊载荷达到额定起重量的 90%及以上时，升降动作应慢速进行，并严禁同时进行两种及以上动作。

（9）起重吊装作业不得有丝毫差错，起吊重物时应先稍离地面试吊，当确认重物已挂牢，起重机的稳定性和制动器的可靠性均良好，再继续起吊，以便及时发现和消除不安全因素。在重物升起过程中，操作人员应把脚放在制动踏板上，密切注意上升重物，防止吊钩冒顶。当起重机停止运转而重物仍悬在空中时，即使制动踏板被固定，仍应脚踩在制动踏板上，一旦发生险情可及时控制，以保证吊装作业的安全可靠。

（10）当起重机如需带载行走时，由于机身晃动，起重臂随之俯仰，幅度也不断变化，所吊重物也因惯性而摆动，形成斜吊，因此，吊起质量不得超过起重机当时允许起重量的 2/3，行走道路应坚实平整，重物应在起重机正前方向，便于操作员观察和控制，重物离地面不得大于 500mm，并应拴好拉绳，缓慢行驶。塔式工况严禁吊物行驶。

（11）起重机在不平的地面上急转弯，容易造成倾翻事故。所以，起重机行走时，转弯不应过急；当转弯半径过小时，应分次转弯；当路面凹凸不平时，不得转弯。

（12）起重机上下坡时，起重机的重心和起重臂的幅度随坡度而变化，因此，起重机上下坡道时应无载行走，上坡时应将起重臂仰角适当放小，下坡时应将起重臂仰角适当放大。下坡空挡滑行将失去控制造成事故，严禁下坡空挡滑行。

（13）为了减少迎风面，降低起重机受到的风压，作业后，起重臂应转至顺风方向，并降至 40°～60°，吊钩应提升到接近顶端的位置，应关停内燃机，将各操纵杆放在空挡位置，各制动器加保险固定，操纵室和机棚应关门加锁。

（14）起重机转移工地，应采用平板拖车运送。特殊情况需自行转移时，应卸去配重，拆短起重臂，主动轮应在后面，机身、起重臂、吊钩等必须处于制动位置，并应加保险固定。每行驶 500～1000m 时，应对行走机构进行检查和润滑。

（15）起重机通过桥梁、水坝、排水沟等构筑物时，必须先查明允许载荷后再通过。必要时应对构筑物采取加固措施。通过铁路、地下水管、电缆等设施时，应铺设木板保护，并不得在上面转弯。

（16）用火车或平板拖车运输起重机时，所用跳板的坡度不得大于 15°；起重机装上车后，应将回转、行走、变幅等机构制动，并采用三角木楔紧履带两端，再牢固绑扎；后部配重用枕木垫实，不得使吊钩悬空摆动。

四、常见故障

履带起重机行走跑偏的故障原因分析：行走跑偏是履带起重机的常见故障，造成行走跑偏的原因很多，履带起重机行走，特别是在工地上，因缺乏测量仪表和试验装置，分析起来比较困难。下面结合实例对履带起重机的跑偏原因和判断方法进行介绍。

某一履带起重机的故障现象为前进时向右跑偏，后退时不跑偏，且大油门时跑偏严重。

履带起重机的行走系统主要由机械部分（包括驱动轮、导向轮、托链轮、支重轮、履带）和液压驱动部分组成。维修时，应本着先易后难的原则，先分析一下机械部分。

机械部分主要检查两方面：① 两条履带是否平行；② 驱动轮、导向轮、托链轮、支重轮的中心线是否重合。这两者的任何一方有问题，都会造成行走跑偏，但现象应是前进和后退都跑偏，而该车只是前进时跑偏，故可判定故障不是机械部分引起的。此时需对液压部分进行分析。

当推动操纵手柄时，操纵手柄向制动器提供压力油，打开制动器，同时，操纵手柄向主阀提供压力油，推动主阀阀芯动作，主阀向马达提供压力油，马达运转，从而驱动行走减速机运转，实现履带起重机的行走。制动阀则起到停车液压制动、下坡限速等作用。从整个行走液压系统来看，马达、制动阀、主阀和操纵手柄等元件中的任何一个出了故障，都会造成行走跑偏。根据经验，故障率由高至低的顺序为马达、操纵手柄、主阀和制动阀，下面依次进行分析。

马达的故障主要表现为内泄量大，若是右侧的马达内泄量大，容积效率降低，将会造成右侧马达转速低于左侧马达，而这种情况将造成前进后退都向右跑偏，因此可判定不是马达的故障。为证实这个判定，将右侧马达的泄油口打开，做行走试验，发现液压油从泄油口缓缓外溢，证明内泄量正常，可确认马达没有故障。

操纵手柄的常见故障为阀的内泄量大，提供给主阀的先导压力偏低，造成主阀没有完全开启，输送给马达的液压油流量小而造成跑偏。前进和后退由操纵手柄中的两个独立的阀芯控制，将操纵手柄控制前进、后退的两个出油口调换，若是出现后退跑偏、前进时不跑偏的现象，则证明操纵手柄有故障。调换后试验，发现依然是前进时向右跑偏，后退时不跑偏，说明不是操纵手柄的问题。

主阀的常见故障为阀内泄漏量大，造成流量损失大；或液压系统不清洁，造成阀芯卡滞，阀口开启不完全，流量小。因前进和后退均由主阀中的同一阀芯完成，若是阀内泄漏量大，前进和后退都应跑偏，因此可判定主阀内泄漏量大的故障可能性很小。为分析主阀阀芯是否卡滞，调换一下管路，将控制左马达的主阀出油口接到右马达，控制右马达的主阀出油口接到左马达，若主阀有问题，跑偏方向将改变，行走试验后故障现象没有变化，可证明主阀并无问题。

制动阀的常见故障为阀内泄漏量大或阀芯动作不到位。若是阀内泄漏量大，前进和后退都应跑偏，经判定阀内泄漏量大的故障可能性很小。若阀芯被杂物卡滞或阀内节流口堵塞导致阀芯动作不到位，阀口开度小，液压油通过量小，而造成跑偏，大油门时压力和流量损失大，跑偏就会严重。

为此，在左、右主阀的进油口（P 口）各接一测压表做行走试验，发现后退时左、右压力基本一致。但前进时若是小油门，左、右压力相差不大；若是大油门，右边压力比左边高出几兆帕，这说明制动阀控制前进方向的阀芯动作不到位，通油不畅。小油门时液压油流量小，压力和流量损失较小，大油门时的压力和流量损失较大，因而造成前进时向右跑偏，后退时不跑偏，且大油门时跑偏严重的故障现象。

拆检制动阀，发现控制前进方向的节流口被杂物堵塞，清洗后故障随即消失。

由以上分析可知，对于履带起重机的行走跑偏故障，原因很多，可全盘考虑各种可能因素，然后逐项分析判定，并通过测量和试验来确认，逐项排除，以找到真正的原因。

五、保养

履带式起重机的保养项目见表 5-1。

表 5-1　　　　　　　　　　　履带式起重机的保养项目

序号	工作内容	技术要求
一、例行保养（每天工作前）		
1	检查柴油机的机油量	38L 柴油机油
2	检查散热器水量	冷却液 85L（净水或防冻液）
3	检查风扇皮带、曲轴皮带张紧情况	风扇皮带能按下 20mm 为宜，曲轴皮带按下 7mm 为宜
4	各类仪表读数情况	有效正确
5	检查燃油箱、液压油箱	燃油箱容量：400L；液压油箱容量：600L
6	各减速箱润滑油是否适合	无漏油
7	检查液压管情况	无漏油
8	检查履带张紧情况	符合要求
9	检查起重臂、滑轮、吊钩、钢丝绳情况	无损伤无变形
10	检查安全装置、报警装置、操作装置	灵敏有效
11	检查钢丝绳使用情况	润滑良好、磨损不大于公称直径的 7%、断丝符合 GB/T 5972—2016《起重机　钢丝绳保养、维护、检验和报废》规定
12	检查各部件连接情况	无松动、无脱落
13	清洁操作室，机室及发动机外表	无杂物、油污
二、一级保养（工作 100h 后进行）		
1	完成例行保养全部内容	
2	清洗发动机空气滤芯、柴油滤芯、机油滤芯	无杂物，不堵塞
3	更换散热器冷却水	
4	检查蓄电池液量	液面高出极板 10～15mm
5	检查液压油油质	必要时过滤或更新
6	检查离合器、制动器情况	无裂痕、变形，调整符合要求、动作灵活
7	检查起升、回转、行走机构工作	运转平稳、无异响
8	进行各部润滑	按润滑周期表要求进行
9	检查紧固重要部件的连接	无脱落、无松动
10	检查电气线路	不松动、破损、短路

序号	工　作　内　容	技　术　要　求
三、二级保养（工作300h进行）		
1	完成一级保养全部内容	
2	检查各减速箱润滑油	按润滑周期表进行
3	检查调整离合器、制动器间隙	调整均匀，间隙为0.5~0.8mm
4	检查调整气门间隙	参考修理手册
5	检查调整喷油器压力	参考修理手册
6	检查钢结构	无裂纹、变形、固定牢靠
7	检查回转机构齿圈情况	无裂纹、表面平滑、啮合良好
四、三级保养（工作3200h）		
1	完成二级保养全部内容	
2	清洗冷却系统	用150g苛性钠（NaOH）和1L水溶液，灌满冷却系统，停留8~12h，启动发动机待水温达75℃放尽
3	检查维修汽缸盖组件	修复气门、气门座，检查气门弹簧、导管、摇臂，研磨气门、更换易损件
4	检查维修曲轴连杆机构	曲轴瓦、连杆瓦、活塞环、活塞销间隙符合要求，必要时更换
5	检查维修传动供油系统	各齿轮啮合良好，供油提前角度正确，校验高压油泵、喷油器
6	检查机油泵、水泵	更换易损件进行检测流量
7	检查维修减速箱	解体检查清洗，更换易损件
8	检查行走机构	支重轮、导向轮、驱动轮磨损不超标，履带不变形
9	检查液压系统	更换老化油管和密封垫
10	检查维修制动器	制动带磨损超过40%更新
11	检查维修滑轮组及卷筒	轴与套间隙、外部磨损不超标
12	检修电气系统	更换老化仪器仪表
13	检查保养钢结构	校正部件、局部补漆

第三节　汽车式起重机

汽车起重机是装在普通汽车底盘或特制汽车底盘上的一种起重机，其行驶驾驶室与起重操纵室分开设置。这种起重机的优点是机动性好，转移迅速。缺点是工作时须支腿，不能负载行驶，也不适合在松软或泥泞的场地上工作。汽车起重机的底盘性能等同于同样整车总重的载重汽车，符合公路车辆的技术要求，因而可在各类公路上通行无阻。这种起重机一般备有上、下车两个操纵室，作业时必须伸出支腿保持稳定。起重量的范围很大，可 8～1600t，底盘的车轴数可 2～10 根。是产量最大，使用最广泛的起重机类型。

一、分类

汽车起重机的种类很多，其分类方法也各不相同，主要有：

（1）按起重量分，有轻型汽车起重机（起重量在 5t 以下）、中型汽车起重机（起重量在 5～15t）、重型汽车起重机（起重量在 5～50t）、超重型汽车起重机（起重量在 50t 以上）。由于使用要求，其起重量有提高的趋势，如已生产出 50～1200t 的大型汽车起重机。

（2）按支腿型式分，有蛙式支腿、x 型支腿、h 型支腿。蛙式支腿跨距较小，仅适用于较小吨位的起重机；x 型支腿容易产生滑移，也很少采用；h 型支腿可实现较大跨距，对整机的稳定有明显的优势，所以中国生产的液压汽车起重机多采用 h 型支腿。

（3）按传动装置的传动方式分，有机械传动、电传动、液压传动三类。

（4）按起重装置在水平面可回转范围（即转台的回转范围）分，有全回转式汽车起重机（转台可任意旋转 360°）和非全回转汽车起重机（转台回转角小于 270°）。

（5）按吊臂的结构形式分，有折叠式吊臂、伸缩式吊臂和桁架式吊臂汽车起重机。

二、工作原理

在起重臂下面有一个转动卷筒，上面绕钢丝绳，钢丝绳通过在下一节臂顶端上的滑轮，将上一节起重臂拉出去，依此类推。缩回时，卷筒倒转回收钢丝绳，起重臂在自重作用下回缩。这个转动卷筒采用液压马达驱动，因此能看到两根油管，但千万别当成油缸。

另外，有一些汽车起重机的伸缩臂里面安装有套装式的柱塞式油缸，但这种应用极少见。因为多级柱塞式油缸成本高，而且起重臂受载时会发生弹性弯曲，对油缸寿命影响很大。

三、基本构造

汽车起重机主要由起升、变幅、回转、起重臂和汽车底盘组成。由于液压技术，电子工业，高强度钢材和汽车工业的发展，促进了汽车起重机的发展。自重大，工作准备时间长的机械传动式汽车起重机已被液压式汽车起重机所代替。液压汽车起重机的液压系统采用液压泵、定量或变量马达实现起重机起升回转、变幅、起重臂伸缩及支腿伸缩并可单独或组合动作。马达采用过热保护，并有防止错误操作的安全装置。大吨位的液压汽车起重机选用多联齿轮泵，合流时还可实现上述各动作的加速。在液压系统中设有自动超负荷安全阀、缓冲阀及液压锁等，以防止起重机作业时过载或失速及油管突然破裂引起的意外事故发生。汽车起重机装有幅度指示器和高度限位器，防止超载或超伸距，卷筒和滑轮设有防钢丝绳跳槽的装置。

对于 16t 以下的起重机要求设置起重显示器，16t 及 16t 以上的起重机设置力矩限制器，且有报警装置。液压汽车起重机的起重臂由多节臂段组成，可以根据对起升高度的不同要求设计。起重臂的伸缩方式一种是顺序伸缩，另一种是同步伸缩。大吨位的起重机为了提高起重能力大多数采用同步伸缩。各臂段的伸缩由油压控制，伸缩自如。带副臂的起重机，在行驶状态时，副臂一般安置于主臂的侧方或下方。转台主要用来布置起升机构、回转机构、起重臂及变幅油缸的下支点和操纵装置。对于中、大吨位的起重机，有的还在转台上安置发动机。转台与底架之间用能承受垂直载荷、水平载荷及倾覆力矩的回转支承连接。为了防止在行驶时转台发生滑转，设有转台锁定装置。回转机构由定量马达驱动。回转机构的输出齿轮与回转支承齿轮啮合。实现起重机转台沿回转中心作 360° 回转。起重臂的变幅，由单只或双只液压油缸通过油液控制完成。起重机构由油液控制变量或定量马达通过减速机驱动卷筒。由于采用液力变矩器，起重机各机构的运动能无级变速，可使载荷在微动速度下由动力控制下降。为了防止过卷，设有钢丝绳三圈保护装置及报警装置。中、大吨位的汽车起重机可根据市场需要配置副起升机构，以供双钩作业。

四、限速安全

1. 制动锁紧

汽车起重机换向阀的阀芯与阀体之间多采用间隙密封，在其自身重力及起吊载荷重力的双重作用下，制动时高压油液常会通过换向阀阀芯与阀体之间的微小间隙缓慢泄漏，不能对各机构液压缸或液压马达实现有效地锁紧，因而极易发生吊重下降、吊臂内缩、幅度增大、支腿下沉的事故，轻则使汽车起重机无法正常工作，重则导致车辆倾覆、人员伤亡等恶性事故的发生。消除隐患的安全措施至少有以下4条。

（1）在回油路中串联液压锁。液控单向阀的反向油路只有当其控制油路输入一定压力油液之后才可能连通。它是一种能对油路实现通断控制的开关元件，通常又称为液压锁。将液压锁反向串接在液压缸（液压马达）的回油路中，并将其控制油路与液压缸（液压马达）的进油路相连，就能使回油路在制动状态下因控制油路无压力油作用而切断，对液压缸（液压马达）起到应有的锁紧作用。

液压锁的锁紧效果取决于阀芯形状和阀的结构型式。

阀芯如果采用球阀式或滑阀式，其泄漏仍将是难免的，即油液有可能通过因阀芯冲击而产生的沟槽或阀芯与阀体间的间隙泄漏。因此，用在汽车起重机中的液压锁阀芯应该选用密封性能好的锥芯，即使长久使用也能保证滴油不漏。

根据汽车起重机的工况特点，应选用带有卸荷阀芯的 IY–F 型高压液压锁。

对支腿油路，有支撑锁紧和悬挂锁紧两项锁紧要求。根据不同油路，每个支腿可采用仅为一个液控单向阀、仅能起单向锁紧作用的单向液压锁，或由两个液控单向阀交叉连接而成的双向液压锁。一般采用的是后一种方案。每个支腿锁紧装置都必须独立设置。

（2）在回油路中串联平衡阀。平衡阀实质上是单向阀与外控内泄式顺序阀组合而成的组合阀，它在汽车起重机中的安装位置和锁紧原理与液压锁的完全相同，即安装在回油路中，制动后切断回油路。如果对油路无其他特殊要求，还是应尽量采用价格相对低的液压锁。

（3）提高液压元件的密封性。在油路中安装液压锁或平衡阀后，并不一定能完全保证机构制动后能锁紧，液压缸（液压马达）的密封性也是制约锁制效果的关键因素。

液压元件的漏油分内泄漏和外泄漏两种。液压缸内泄漏不易察觉，将导致支腿收放、吊臂伸缩及变幅三个机构无法锁紧而发生下沉现象。因此，提高液压缸的密封效果，关键是解决发生在其内部的内泄漏问题。

一般来说，对汽车起重机液压缸内部的漏油量应严格限制。安全检查时，规定额定压力下活塞的移动距离为 10min 内应不大于 0.5mm。超过此值，说明密封性能差，要及时更换新的 Y 形圈。

（4）吊重升降液压马达外抱制动器。欲使液压缸、液压马达长久地不产生内泄漏是很难做到的，其密封件磨损后泄漏会在不知不觉中产生。这样，若锁紧牢固就只有安装制动器一种方法了，且只能在使吊重升降的液压马达上采用，其他的如对吊臂伸缩、变幅等则无法采用。

对吊重升降机构起作用的制动器实际上是一只小型的单杆单作用液压缸，制动器为动断式，制动力取决于缸内的弹簧力。为了获得理想的锁紧效果，当然希望弹簧力越大越好，但过大的弹簧力又会使制动器松闸能耗加大，所以外抱制动器是其锁紧方案的辅助手段。

2. 运动限速

由于汽车起重机吊重升降、吊臂伸缩、吊臂变幅的行程都较长，机构或载荷下行过程中因重力作用而产生的加速现象也是一个比较突出的问题。汽车起重机通常采用以下两种方法限速。

（1）在回油路中串联平衡阀。平衡阀不但能锁紧，还能限速。当机构或载荷下降时，平衡阀内的顺序阀能借助阀芯的平衡作用，使液压缸（液压马达）的回油流量保持稳定状态，从而使液压缸（液压马达）保持匀速运动。为了获得均匀的下降速度，设计系统时要注意两点：① 不能为了节约成本，就简单地用一般的单向阀与外控内泄漏式顺序阀并接组合来代替平衡阀，这是因为平衡阀虽然也是单向阀与外控内泄漏式顺序阀的组合，但其顺序阀已经增加了双层弹簧、阻尼小孔等使阀芯减振的装置；② 平衡阀的控制油路要串联节流阀，以使顺序阀的阀芯动作"迟滞"，不因外部压力的微小变化而使其速度有所改变。在限速方案中，使用平衡阀的效果是最理想的，是首选的方法。

（2）用手动换向阀限速。在所有的换向阀中，只有手动换向阀在换向的同时，通过控制阀口开度的大小可以兼有限速和节流调速的作用。因此，当汽车起重机机构或载荷发生下行加速现象时，可通过驾驶员减小手动换向阀手柄的拉动程度来减小阀口开度的办法加以解决。当然，由于驾驶员手的抖动会使手动换向阀的限速效果不甚理想，但因为汽车起重机的装卸作业速度往往要根据施工现场的具体情况不断地调整，机构的运动常常为不连续的间歇作业，因此驾驶员熟练操纵手动换向阀还是能够收到一定限速效果的。

总之，对汽车起重机吊重升降、吊臂伸缩、吊臂变幅三种机构既有锁紧又有限速要求，应当采用能同时满足锁紧和限速两项要求的平衡阀，再加以机械制动。

五、安全操作

（1）汽车起重机司机必须经过专业培训，并经特种设备安全监督管理部门考核合格后，取得起重机械作业特种设备作业证，方可操作起重机。严禁酒后或身体有不适应症时进行操作。严禁无证人员动用汽车起重机。

（2）作业前应将汽车起重机支腿全部伸出，对于松软或承压能力不够的地面，撑脚下必须垫枕木。调整支腿使机体达到水平要求。调整支腿作业必须在无荷载时进行，将已经伸出的臂杆缩回并转至正前方或正后方，作业中严禁扳动支腿操纵阀。

（3）汽车起重机工作前，必须检查起重机各部件是否齐全完好并符合安全规定，起重机起动后应空载运转，检查各操作装置、制动器、液压装置和安全装置等各部件工作是否正常和灵敏可靠。严禁机件带病运行。作业前应注意在起重机回转范围内有无障碍物。

（4）必须按起重特性表所规定起重量及作业半径进行操作，严禁超负荷作业。起吊物件时不能超过厂家规定的风速。汽车起重机停放的地面应平整坚实，应与沟渠、基坑保持安全距离。行驶前，必须收回臂杆、吊钩及支腿。行驶时保持中速，避免紧急制动。通过铁路道口和不平道路时，必须减速慢行。下坡时严禁空挡滑行，倒车时必须有人监护。汽车起重机冬季行走时，路面应做好防滑措施。

（5）当场地比较松软时，必须进行试吊（吊重离地高度不大于 30cm），检查起重机各支腿有无松动或下陷，在确认正常的情况下方可继续起吊。

（6）在起吊较重物件时，应先将重物吊离地面 10cm 左右，检查起重机的稳定性和制动器等是否灵活和有效，在确认正常的情况下方可继续起吊。

（7）起重机在进行满负荷或接近满负荷起吊时，禁止同时进行两种或两种以上的操作动作。起重臂的左右旋转角度都不能超过 45° 并严禁斜吊、拉吊和快速起落。严禁带重负荷伸长臂杆。

（8）在夜间使用起重机时，在作业场所要有足够的照明设备和畅通的吊运通道，并且应与附近的设备、建筑物保持一定的安全距离，使其在运行时不致发生碰撞。

（9）操作起重机时需正常且缓慢匀速进行，只有特殊情况下，方可进行紧急操作。两台起重机同时起吊一件重物时，必须有专人统一指挥；两车的升降速度要保持相等，其物件的重力不得超过两车所允许的起重量总和的 75%；绑扎吊索时要注意负荷的分配，每车分担的负荷不能超过所允许的最大起重量的 80%。

（10）起重机在带电线路附近工作时，应与带电线路保持一定的安全距离。在最大回转半径范围内，其允许与输电线路的最近距离见表 5-2。在雾天工作时安全距离还应适当放大。

表 5-2 起重机与输电线路的最近距离

输电线路电压（kV）	1 以下	1～20	35～110	154	220
允许与输电线路的最近距离（m）	1.5	2	4	5	6

（11）起重机在工作时，被吊物应尽量避免在驾驶室上方通过。作业区域、起重臂下，吊钩和被吊物下面严禁任何人站立、工作或通行。负荷在空中，司机不得离开驾驶室。

（12）起重机工作时，吊钩与滑轮之间保持一定的距离，防止卷扬过限把钢丝绳拉断或起重臂后翻。起重机卷筒上的钢丝绳在工作时不可全部放尽，卷扬筒上的钢丝绳至少保留三圈以上。

（13）起重机在工作时，不得进行检修和调整机件。严禁无关人员进入驾驶室。司机与起重工必须密切配合，听从指挥人员的信号指挥。操作前，必须先鸣笛，如发现指挥手势不清或错误时，司机有权拒绝执行。工作中，司机对任何人发出的紧急停车信号必须立即停车，待消除不安全因素后方可继续工作。

（14）无论在停工或休息时，不得将吊物悬挂在空中，夜间工作要有足够的照明。作业中出现支腿沉陷、起重机倾斜等情况，必须立即放下吊物，经调整、消除不安全因素后方可继续作业。

（15）严禁作业人员搭乘吊物上下升降，工作中禁止用手触摸钢丝绳和滑轮。

（16）作业难度较大的吊装作业，必须由有关人员先做好施工方案，在作业过程中派专人观察起重机是否安全。

（17）作业后，伸缩式起重机的臂杆应全部缩回、放妥，并挂好吊钩。各机构的制动器必须制动牢固，操作室和机棚应关门上锁。

（18）严格遵守起重作业"十不吊"（指挥信号不明不得吊；斜牵斜拉不得吊；被吊物重量不明或超负荷不得吊；散物捆扎不牢或物料装放过满不得吊；吊物下有人不得吊；埋在地下物不得吊；机械安全装置失灵不得吊；现场光线暗看不清吊物起落点不得吊；棱刃物与钢丝绳直接接触无保护措施不得吊；六级以上强风不得吊）安全管理规定。

六、保养

1. 保养分类

（1）日常维护。以清洁、补给和安全检视为作业中心内容，由驾驶员负责执行的车辆维护作业。

（2）一级维护。除日常维护作业外，以清洁、润滑、紧固为作业中心内容，并检查有关制度、操纵等安全部件，由专业维修人员负责执行的车辆维护作业。

（3）二级维护。除一级维护作业外，以检查、调整转向节、转向摇臂、制动蹄片、悬架等经过一定时间的使用容易磨损或变形的安全部件为主，并拆检轮胎，进行轮胎换位，检查调整发动机工作状况和排气污染控制装置等，由专业维修人员负责执行的车辆维护作业。

2. 设备维修保养要求

（1）维修安全措施。

1）检修时应将起重机停稳拉起驻车制动器并将行走轮胎用三角木垫严实，防止意外滑动行走，并将所有控制手柄扳到零位，切断主电源。

2）检修时应设有"正在检修，禁止开动"的警示标志，非检修人员或司机不得随意开动起重机操作试车。

3）检修回转，俯仰机构部件时应将支腿全部伸出并支稳，防止翻车事故发生；检修大小钩减速机或制动器时，应将大小钩绳锁定，防止坠钩事故发生；拆修轮胎作业时，应将车体支稳，防止塌落事故发生。

4）电气系统维修时应防止线路短路起火，蓄电池爆炸事故发生。

5）经常检查电动类、气动类及液压类工器具安全可靠性。

6）正确分析故障原因，并采取正确有效的维修方法，防止盲目大拆大卸。

7）重视零部件的质量和型号，应尽量选用原厂配件。

8）试车时应密切注意各个运转部位状况，如有异常声响，异常发热，异味等应立即停车检查维修。

9）维修现场严禁吸烟或其他明火出现，现场应配备相应用途的消防器材。

（2）汽车式起重机的维护。汽车式起重机维护的周期：以起重机产品使用说明书和起重作业工作时间长短为主要依据，并结合车辆行驶里程和作业环境优劣因素来确定周期。

1）日常维护（0～1500h内以清洁、润滑、检查为主）：

a. 紧固件的检查和紧固。

b. 按规定向润滑部位加注润滑脂，检查各总成内润滑油工作油面，添加润滑油及液压油。

c. 检查电路接插部位，灯光、仪表、显示，清洗空气滤清器。

d. 更换机油，机油滤清器及柴油滤清器。检查蓄能器，补充气体。检查并更换渗漏部位的密封件。

e. 更换损坏的零配件。检查修理水路、气路并整理外观。

2）一级维护（2500～3000h 内以检查调整维修为主）：

a. 日常维护的全部内容。

b. 检查调整发动机。

c. 检查调整制动器、离合器、转向机构间隙。检查调整各安全装置的正确性、灵敏性、可靠性。检查调整力矩限制器、吊钩限位器、角度限位器。

d. 更换损坏的零配件。

e. 检查修理水路、气路、油路、电路并整理外观。检查钢丝绳磨损情况，根据 GB 6067.2《起重机械安全规程　第 2 部分：流动式起重机》的规定，更换钢丝绳。

3）二级维护（5000～6000h 以清除隐患的维修）：二级维护要对整车进行总成解体、清洗、检查、调整和排除故障。

a. 对起升机构减速器、回转机构减速器、分动器、变速器等箱体件总成进行解体，并清洗检查，更换损坏部件调整和排除故障。对液压油泵、液压马达、液压油缸、液压阀、液压锁等液压元件进行清洗，检查其工作状况，可拆性液压元件要进行拆解清洗、调整、检查元件内部的磨损情况，修复式更换损伤元件及密封件。

b. 对起升机构制动器进行解体、清洗、检查、更换摩擦片。对发动机进行解体清洗、检查，更换缸套、轴承、垫及必要的元件，清理水道、油道，装配调整、磨合。对转向机构解体、清洗、检查，更换损坏部件。对前桥、中桥、后桥进行解体、清洗、检查，更换损坏部件。对气路及气路阀检查、清洗，可拆解阀要进行拆解清洗，更换密封件。对新的轮胎、轮毂、轴头、半轴、传动轴进行拆解清洗、检查，更换损坏部件。对制动毂、片检查或更换。

c. 检查各主要元件（如滑轮、卷筒、齿轮、滑轮轴、钢丝绳、滑块、各种轴承、轴套等）的磨损情况，视具体情况进行修复或更换。检查各结构件（如起重臂、转台、支腿、履带、支架等）有无裂纹和永久变形，焊缝有开裂的应补焊修复。

d. 对回转支承进行拆解、清洗、检查，磨损严重和滚道面有损伤时，应更换。

e. 对各操纵部分及传动系统进行清洗、检查、调整，并排除故障。

f. 清洗箱体，液压油箱，并更换液压油及润滑油。

g. 更换液压系统密封件。对外表面、走台板、围板、侧脸板、机盖、护栏等清洗、整形、安装。

　　h. 整车安装、调试。整车清洗，外观喷漆等修理。

　　i. 二级维护后的起重机按原设计技术要求和有关检验标准检验。

　　（3）设备润滑要求。

　　1）零部件润滑时间和润滑材料，见表 5-3。

表 5-3　　　　　　　　　　　主要零部件润滑时间和润滑材料

序号	零部件名称	润滑时间	润滑条件	润滑材料
1	钢丝绳	一般 5～30 天一次或根据使用中的润滑情况决定	1）把润滑脂加热 80～100℃浸涂至饱和为宜。 2）不加热涂抹	1）钢丝绳麻心脂（Q/SY 152—2012）。 2）涂合成石墨钙基润滑脂（SYB/405-65）或其他钢丝绳润滑脂
2	减速器	初期使用每季换一次，以后可根据油的情况，半年～一年更换一次	夏季	用 HL30 齿轮油（SYB103-62）
			冬季（不低于-20℃）	用 HL20 齿轮油（SYB103-62）
3	齿轮联轴器	3 个月一次	工作温度-20～60℃	1）可采用从任何元素为基体的润滑脂，但不能混合使用，冬季用 1～2 号，夏季用 3～4 号。 2）用工业锂基润滑脂（Q/SY 1110—2011），冬季用 1 号，夏季用 2 号
4	一般滚动轴承	3 个月～6 个月一次	工作温度-20～60℃	
5	卷扬机轴承	二级维护时按量加注		
6	轮毂轴承			二硫化钼润滑脂
7	发动机	每年冬夏季各一次	工作温度-15～40℃	15W40 柴油机机油或其他专用油

　　注　机件寿命，与促进安全生产有着密切的关系。因此，使用和维修人员必须检查各润滑点的润滑情况，按时补充和更换润滑油脂。

　　2）给滚动轴承加油，注意润滑脂必须保持清洁，不同牌号的润滑脂不得混用。

　　3）汽车式起重机机构各润滑点分布。吊钩滑轮轴，钢丝绳，各减速器，各齿轮联轴器，各轴承箱，臂杆变幅转轴，制动器各节点和轴栓，卷扬机轴承，回转齿轮副，传动轴连接十字轴承、吊架轴承，行驶驱动轮、导向轮轮毂轴承，转向机构球销，支撑轴承，离合器操纵机构支撑套。

第四节　轮 胎 式 起 重 机

　　轮胎式起重机是把起重机构安装在加重型轮胎和轮轴组成的特制底盘上的一种全回转式起重机，其上部构造与履带式起重机基本相同，为了保证安装作业时机身的稳定性，起重机设有四个可伸缩的支腿。在平坦地面上可不用支腿进行小起重量吊装及吊物低速行驶。它由上车和下车两部分组成。上车为起重作业部分，设有动臂、起升机构、变幅机构、平衡重和转台等；下车为支承和行走部分。上、下车之间用回转支承连接。吊重时一般需放下支腿，增大支承面，并将机身调平，以保证起重机的稳定。

一、轮胎式起重机与汽车式起重机的比较

按底盘的形式分轮胎式起重机和汽车式起重机两种。前者采用专用底盘，车身短，作业移动灵活；后者的起重作业部分安装在汽车底盘上，车身较长，具有载重汽车的行驶性能，可单机快速转移或与汽车编队行驶。

与汽车式起重机相比，其优点有轮距较宽、稳定性好、车身短、转弯半径小，可在360°范围内工作。

但其行驶时对路面要求较高，行驶速度较汽车式慢，不适合于在松软泥泞的地面上工作。

利用轮胎式底盘行走的动臂旋转起重机由上车和下车两部分组成。

动臂的结构形式有桁架臂和伸缩臂两种。前者用钢丝绳滑轮组变幅，臂长可折叠或接长，其长度较大；后者为多节箱形断面伸缩臂架，用液压缸伸缩和变幅。行驶状态因外形尺寸小，适宜快速转移工地的需要。工作机构可以是机械式、液压式和电动式。液压式具有结构紧凑，操作方便，易于调速和实现过载保护等优点。轮胎式起重机通常用于装卸重物和安装作业，起重量较小时，可不打支腿作业，甚至可带载行走。具有机动性好，转移方便的特点，适用于流动性作业，应用广泛。其基本技术参数为起重量、起升高度、幅度、载荷力矩和整机自重。轮胎式起重机的额定起重量受动臂强度和整机稳定限制，随幅度而变化，为防止超载必须装有力矩限制器。汽车起重机由于行驶速度快，转移灵活，汽车底盘及其零件供应较方便等优点，特别是伸缩臂式汽车起重机发展很快。轮胎起重机则朝提高机动性和越野性方向进一步发展。多边异形断面伸缩臂、盒形辐射式底架、活动式配重等新型轮胎式起重机不断出现。

轮胎式起重机的发展趋向是大型化、高效、安全、减轻自重，进一步提高起重性能和行驶机动性。

二、轮胎式起重机转向系的作用

轮胎式起重机在行使过程中需要改行使方向时，驾驶员通过轮式起重机转向

系使轮式起重机转系转向桥（一般是前桥）上的车轮相对于轮式起重机纵轴线偏转一定的角度。另外，当轮式起重机直线行驶时，转向轮往往会受到路面侧向干扰力的作用而自动偏转，从而改变了原来的行驶方向，此时，驾驶员也可以通过轮式起重机转向系使转向朝相反的方向偏转，恢复轮式起重机原来的行驶方向。

轮式起重机转向系的功能是改变和保持轮式起重机的行驶方向。

三、轮胎式起重机转向系的基本组成

尽管现代轮胎式起重机转向系的结构形式多种多样，但都包括转向系统操纵机构、转向器和专项传动机构三个基本组成部分。

转向操纵机构是驾驶员操纵转向器的工作机构，主要由转向盘、转向轴、转向管柱等组成。

转向器是将转向盘的转动变为转向摇臂的摆动或齿条轴的直线往复运动，并对转向操纵力进行放大的机构。转向器一般固定在轮胎式起重机车架或车身上，转向操纵力通过转向器后一般还会改变传动方向。

转向传动机构是将转向器输出的力和运动传给车轮（转向节），并使左、右车轮按一定关系进行偏转。

四、轮式起重机转向系的分类

按转向能源的不同，转向系可分为机械转向系和动力转向系两大类。

1. 机械转向系

机械转向系是以人力作为唯一的转向动力源，其中所有传力件都是机械的。当需要转向时，驾驶员对转向盘施加一个转向力矩，该力矩通过转向轴输入转向器。从转向盘到转向轴这一系列部件和零件即属于转向操作机构。作为减速传动装置的转向器中常有1～2级减速传动副，经转向器放大后的力矩和减速后的运动到转向横拉杆，再传给固定于转向节上的转向节臂，使转向结合它所支承的转向轮偏转，从而改变了轮式起重机的行驶方向。这里，转向横拉杆和转向节臂属于转向传动机构。

2. 动力转向系

操纵方向盘时，通过伞齿轮箱和转向机构箱带动转向阀的油缸侧。油缸和阀杆上分别设有油孔，并且通过油缸和阀杆的相互作用，内外油孔有时会接通，有时会错开，从而进行油路的"通"和"断"。

五、安全操作

（1）轮胎式起重机行驶和工作的场地应保持平坦坚实，并应与沟渠、基坑保持安全距离。

（2）起重机启动前重点检查项目应符合下列要求：

1）安全保护装置和指示仪表齐全完好。

2）钢丝绳及连接部位符合规定。

3）燃油、润滑油、液压油及冷却水添加充足。

4）各连接件无松动。

5）轮胎气压符合规定。

（3）启动前，应将各操纵杆放在空挡位置，手制动器应锁死，并应按规定启动内燃机。启动后，应怠速运转，检查各仪表指示针，运转正常后接合液压泵，待压力达到规定值，油温超过30℃时，方可开始作业。

（4）应全部伸出支腿，并在撑脚板下垫方木，调整机体使回转支撑面的倾斜角在无荷载时不大于1/1000，水准泡居中。支腿有定位销的必须插上，底盘为弹性悬挂的起重机，放支腿前应先收紧稳定器。

（5）作业中严禁扳动支腿操纵阀。调整支腿必须在无荷载时进行，并将起重臂转至正前或正后方可再行调整。

（6）应根据所吊重物的重力和提升高度，调整起重臂长度和仰角，并应估计吊索和重物的高度，留出适当的空间。

（7）起重臂伸缩时，应按规定程序进行，在伸臂的同时应相应下降吊钩。当限制器发出警报时，应立即停止伸臂。起重臂缩回时，仰角不宜太小。

（8）起重臂伸出后，出现前节臂杆的长度大于后节伸出长度时，必须进行调整，消除不正常情况后，方可作业。

（9）起重臂伸出后，或主副臂全部伸出后，变副时不得小于各长度所规定的仰角。

（10）作业时，汽车驾驶室内不得有人，重物不得超越驾驶室上方，且不得在车的前方起吊。

（11）采用自由，重力，下降时，荷载不得超过该工作下额定起重量的20%，并使重物有控制地下降，下降停止前应逐渐减速，不得使用紧急制动。

（12）起吊重物达到额定起重量的50%及以上时，应使用低速挡。

（13）作业中发现起重机、支腿不稳等异常现象时，应立即使重物下落在安全

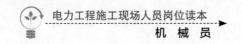

的地方，下降中严禁制动。

（14）重物在空中需要较长时间停留时，应将起升卷筒制动锁住，操作人员不得离开操纵室。

（15）起吊重物达到额定起重量的 90%以上时，严禁同时进行两种及以上的操作动作。

（16）起重机带载回转时，操作应平稳，避免急剧回转或停止，应在停稳后进行换向。

（17）当轮胎式起重机带载行走时，道路必须平坦坚实，载荷必须符合出厂规定，重物离地面不得超过 500m，并应拴好拉绳，缓慢行驶。

（18）作业后，应将起重臂全部缩回放在支架上，再收回支腿。吊钩应用专用钢丝绳挂牢，应将车架尾部两撑杆置于尾部下方的支座内，并用螺母固定，应将阻止机身旋转的销式制动器插入销孔，并将取力器操纵手柄放在托开位置，最后应锁住起重机操纵室门。

（19）行驶前，应检查并确认各支腿的收存无松动，轮胎气压应符合规定。行驶时水温应在 80～90℃范围内，水温未达到 80℃时，不得高速行驶。

（20）行驶时，应保持中速，不得紧急制动，过铁道口或起伏路面时应减速，下坡时严禁空挡滑行，倒车时应有人监护，严禁人员在底盘走台上站立或蹲坐，并不得堆放物件。

第五节　门式起重机

门式起重机是桥式起重机的一种变形，又称为龙门吊。主要用于室外的货场、料场货、散货的装卸作业。它的金属结构像门形框架，承载主梁下安装两条支脚，可以直接在地面的轨道上行走，主梁两端可以具有外伸悬臂梁。门式起重机具有场地利用率高、作业范围大、适应面广、通用性强等特点，在港口货场得到广泛使用。

一、分类

门式起重机可按门框结构形式、主梁形式、主梁结构、用途形式进行分类。

1. 门框结构

（1）门式起重机。

1）全门式起重机：主梁无悬伸，小车在主跨度内进行。

2）半门式起重机：支腿有高低差，可根据使用场地的土建要求而定。

（2）悬臂门式起重机。

1）双悬臂门式起重机：是最常见的一种结构形式，其结构的受力和场地面积的有效利用都是合理的。

2）单悬臂门式起重机：这种结构形式往往因场地的限制而被选用。

2. 主梁形式

（1）单主梁。单主梁门式起重机结构简单，制造安装方便，自身质量小，主梁多为偏轨箱形架结构。与双主梁门式起重机相比，整体刚度要弱。因此，当起重量 $Q \leqslant 50t$、跨度 $S \leqslant 35m$ 时，可采用这种形式。单主梁门式起重机门腿有 L 型和 C 型两种形式。L 型的制造安装方便，受力情况好，自身质量较小，但是，吊运货物通过支腿处的空间相对小一些。C 型的支脚做成倾斜或弯曲形，目的在于有较大的横向空间，以使货物顺利通过支脚。

（2）双主梁。双主梁门式起重机承载能力强，跨度大、整体稳定性好，品种多，但自身质量与相同起重量的单主梁门式起重机相比要大，造价也较高。根据主梁结构不同，又可分为箱形梁和桁架两种形式。一般多采用箱形结构。

3. 主梁结构

（1）桁架梁。使用角钢或工字钢焊接而成的结构形式，优点是造价低，自重轻，抗风性好。但是由于焊接点多和桁架自身的缺陷，桁架梁也具有挠度大，刚度小，可靠性相对较低，需要频繁检测焊点等缺点。适用于对安全要求较低，起重量较小的场地。

（2）箱梁。使用钢板焊接成箱式结构，具有安全性高，刚度大等特点。一般用于大吨位及超大吨位的门式起重机。

（3）蜂窝梁。一般指等腰三角形蜂窝梁，主梁端面为三角形，两侧斜腹上有蜂窝孔，上下部有弦杆。蜂窝梁吸收了桁架梁和箱梁的特点，较桁架梁具有较大的刚度，较小的挠度，可靠性也较高。但是由于采用钢板焊接，自重和造价也比桁架梁稍高。适用于使用频繁或起重量大的场地或梁场。由于这种梁型为专利产品，因此生产厂家较少。

4. 用途形式

（1）普通龙门起重机。这种起重机多采用箱型式和桁架式结构，用途最广泛。可以搬运各种成件物品和散状物料，起重量在 100t 以下，跨度为 4~39m。用抓斗的普通门式起重机工作级别较高。普通门式起重机主要是指吊钩、抓斗、电磁、葫芦门式起重机，同时也包括半门式起重机。

（2）水电站龙门起重机。主要用来吊运和启闭闸门，也可进行安装作业。起重量达 80～500t，跨度较小，为 8～16m；起升速度较慢，为 1～5m/min。这种起重机虽然不是经常吊运，但一旦使用工作却十分繁重，因此要适当提高工作级别。

（3）造船龙门起重机。用于船台拼装船体，常备有两台起重小车：一台有两个主钩，在桥架上翼缘的轨道上运行；另一台有一个主钩和一个副钩，在桥架下翼缘的轨道上运行，以便翻转和吊装大型的船体分段。起重量一般为 100～1500t；跨度达 185m；起升速度为 2～15m/min，还有 0.1～0.5m/min 的微动速度。

（4）集装箱龙门起重机。用于集装箱码头。拖挂车将岸壁集装箱运载桥从船上卸下的集装箱运到堆场或后方后，由集装箱龙门起重机堆码起来或直接装车运走，可加快集装箱运载桥或其他起重机的周转。可堆放高 3～4 层、宽 6 排的集装箱的堆场，一般用轮胎式，也有用有轨式的。集装箱龙门起重机与集装箱跨车相比，它的跨度和门架两侧的高度都较大。为适应港口码头的运输需要，这种起重机的工作级别较高，起升速度为 8～10m/min；根据需要跨越的集装箱排数来决定跨度，最大为 60m 左右。

二、门式起重机的构造

门式起重机一般由电气设备、小车运行机构、大车运行机构、主副起升机构、门架等几大部分组成。图 5-5 所示为门式起重机的基本构造图。

三、表示方法

1. 型号标准

门式起重机用代号、额定起质量、跨度、工作级别 4 个主要要素特征表示型号。

2. 单主梁门式起重机

其符号有 MDG、MDE、MDZ、MDN、MDP、MDS。如：MDN——单主梁单小车抓斗吊钩门式起重机；MDS——单主梁小车三用门式起重机。

3. 双梁门式起重机

其符号有 MG、ME、MZ、MC、MP、MS。如：MG——双梁单小车吊钩门式起重机；ME——双梁双小车吊钩门式起重机。

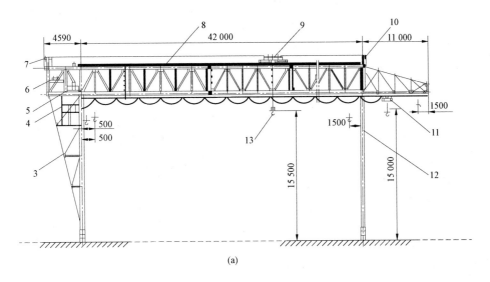

(a)

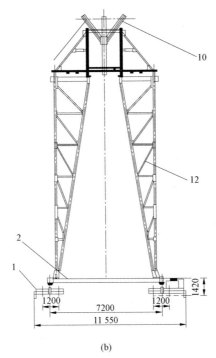

(b)

图 5-5　门式起重机的基本构造图

（a）正面图；（b）侧面图

1—大车行走机构；2—台车横梁；3—刚性腿；4—操作室；5—起升卷扬机；6—牵引卷扬机；7—导向滑轮架（左）；
8—桥架；9—牵引小车；10—导向滑轮架（右）；11—电动葫芦；12—挠性腿；13—横担吊钩

四、操作

1. 双梁门式起重机操作

（1）工作前。

1）对制动器、吊钩、钢丝绳和安全装置等部件按点检卡的要求检查，发现异常现象，应先予以排除。

2）操作者必须在确认走台或轨道上无人时，才可以闭合主电源。当电源断路器上加锁或有告示牌时，应由原有关人除掉后方可闭合主电源。

（2）工作中。

1）每班第一次起吊重物时（或负荷达到最大重量时），应在吊离地面高度 0.5m 后，重新将重物放下，检查制动器性能，确认可靠后，再进行正常作业。

2）操作者在作业中，应按规定对下列各项作业鸣铃报警。

a. 起升、降落重物；开动大、小车行驶时。

b. 起重机行驶在视线不清楚通过时，要连续鸣铃报警。

c. 起重机行驶接近跨内另一起重机时。

d. 吊运重物接近人员时。

3）操作运行中应按统一规定的指挥信号进行。

4）工作中突然断电时，应将所有的控制器手柄置于"零"位，在重新工作前应检查起重机动作是否正常。

5）起重机大、小车在正常作业中，严禁开反车制动停车；变换大、小车运动方向时，必须将手柄置于"零"位，使机构完全停止运转后，方能反向开车。

6）有两个吊钩的起重机，在主、副钩换用时和两钩高度相近时，主、副钩必须单独作业，以免两钩相撞。

7）两个吊钩的起重机不得两钩同时吊两个物件；不工作的情况下调整起升机构制动器。

8）不得利用极限位置限制器停车，严禁在有负载的情况下调整起升机构制动器。

9）严格执行"十不吊"的制度：

a. 指挥信号不明或乱指挥不吊。

b. 超过额定起重量时不吊。

c. 吊具使用不合理或物件捆挂不牢不吊。

d. 吊物上有人或有其他浮放物品不吊。

e. 抱闸或其他制动安全装置失灵不吊。

f. 行车吊挂重物直接进行加工时不吊。

g. 歪拉斜挂不吊。

h. 具有爆炸性物件不吊。

i. 气候不好及电线旁边不吊。

j. 措施不全不吊。

10）如发现异常，立即停机，检查原因并及时排除。

（3）工作后。

1）将吊钩升高至一定高度，大车、小车停靠在指定位置，控制器手柄置于"零"位；拉下保护箱开关手柄，切断电源。

2）进行日常维护保养。

3）做好交接班工作。

2. 单梁门式起重机操作

（1）工作前。

1）带驾驶室的单梁桥式起重机、司机接班开车前，应对吊钩、钢丝绳和安全装置等部件按点检卡片的要求进行检查，发现异常情况，应予以排除。

2）地面操纵的单梁桥式起重机，每班应有专人负责按点检卡片的要求进行检查，发现异常情况，应予以排除。

3）操作者必须在确认走台或轨道上无人时，才可以闭合主电源。当电源断路器上加锁或有告示牌时，应由原有关人除掉后方可闭合主电源。

（2）工作中。

1）每班第一次起吊重物时（或负荷达到最大重量时），应在吊离地面高度0.5m后，重新将重物放下，检查制动器性能，确认可靠后，再进行正常作业。

2）严格执行"十不吊"（内容见双梁门式起重机操作）的制度。

3）发现异常，立即停机，切断电源，检查原因并及时排除。

（3）工作后。

1）将吊钩升高至一定高度，大车停靠在指定位置，控制器手柄置于"零"位；拉下刀闸，切断电源。

2）进行日常维护保养。

3）做好交接班工作。

五、维护保养

1. 润滑

起重机各机构的工作性能和寿命很大程度上取决于润滑。润滑时，机电产品的保养、润滑参见自身说明书，走行大车、吊重桁车等应每周注一次润滑脂。卷扬机加注工业齿轮油（GB 5903—2011《工业闭式齿轮油》）N320，应经常检查油面高度，及时补充。

2. 钢丝绳

应注意钢丝绳断丝情况。如有断丝、断股或磨耗量达到报废标准时，应及时更换新绳。

3. 吊具

吊具必须定期检查。

4. 滑轮组

主要检查绳槽磨损情况，轮缘有无崩裂及滑轮在轴上有无卡住现象。

5. 车轮

定期检查轮缘和踏面，当轮缘部分的磨损或崩裂达到 10%厚度时应更换新轮。

当踏面上两主动轮直径相差超过 $D/600$，或踏面上出现严重的伤痕时应重新车光。

6. 制动器

每班应检查一次。

制动器应动作准确，销轴不得有卡住现象。闸瓦应正确贴合制动轮，松闸时闸瓦间隙应相等。

7. 减速机漏油的原因及预防措施

常见的减速机漏油原因有以下三点：

（1）由于生产厂家的设计不合理：在设计过程中没有专门的透气孔或者是透气孔太小等设计缺陷都会造成减速机内外压力不均衡而出现渗漏故障，最终导致减速机润滑油外泄故障。还有可能是在长期使用过程中造成减速机的连接面密封不严等造成渗漏情况。

（2）加工工艺水平有限造成箱体接触面等精密度不够，因此引起密封性能不良而产生漏油情况。

（3）由于操作人员或者是维护人员在日常使用过程中维护保养不当，造成内部多处堵塞而内部压力高于外部压力，同时油量过多、紧固件没有拧紧等都会造成两箱体之间的结合面不严等造成漏油。

为了有效地预防减速机出现漏油的情况，制造厂商应该提升工艺水平以及优化设计方案：可以采取在加油孔盖上加设通气装置，从而能够保障内外部压力均衡通畅。同时在设计过程中应该提高两箱体结合面之间的工艺精密度，从而防止因为接触面不严造成漏油故障发生。同时在日常使用过程中也要做好维护保养工作，对通气孔、油量、箱体、紧固件等进行定期的检查。

第六节 施 工 升 降 机

施工升降机又称为建筑用施工电梯，也可以称为室外电梯，工地提升吊笼，是建筑安装工程中经常使用的载人载货施工机械，主要用于电站锅炉安装、火电厂冷却塔、高层建筑的内外装修、桥梁、烟囱等建筑的施工。其独特的箱体结构让施工人员乘坐起来既舒适又安全。施工升降机在工地上通常是配合塔式起重机使用的。一般的施工升降机载重量在 $1\sim3t$，运行速度为 $1\sim60m/min$。施工升降机的种类很多，按运行方式分，有无对重和有对重两种；按控制方式分，有手动控制式和自动控制式。根据实际需要还可以添加变频装置和 PLC 控制模块，另外还可以添加楼层呼叫装置和平层装置。

一、分类

1. 固定式

是一种升降稳定性好，适用范围广的货物举升设备。主要用于生产流水线高度差之间货物运送；物料上线、下线；工件装配时调节工件高度；高处给料机送料；大型设备装配时部件举升；大型机床上料、下料；仓储装卸场所与叉车等搬运车辆配套进行货物快速装卸等。根据使用要求，可配置附属装置，进行任意组合，如固定式升降机的安全防护装置；电器控制方式；工作平台形式；动力形式等。各种配置的正确选择，可最大限度地发挥升降机的功能，取得最佳的使用效果。

固定式升降机的可选配置有人工液压动力、方便与周边设施搭接的活动翻板、滚动或机动辊道、防止轧脚的安全触条、风琴式安全防护罩、人动或机动旋转工作台、液动翻转工作台、防止升降机下落的安全支撑杆、不锈钢安全护网、电动或液动升降机行走动力系统、万向滚珠台面。

2. 车载式

车载式升降机是为提高升降机的机动性，将升降机固定在电瓶搬运车或货车上，它接取汽车引擎动力，实现车载式升降机的升降功能。以适应厂区内外的高空作业。广泛应用于宾馆、大厦、机场、车站、体育场、车间、仓库等场所的高空作业；也可作为临时性的高空照明、广告宣传等。

3. 铝合金式

铝合金式升降机采用高强度优质铝合金材料，由于型材强度高，使升降台的偏转与摆动极小。全新设计的新一代升降机具有造型美观、体积小、质量轻、升降平衡、安全可靠等优点，它轻盈的外观，能在极小的空间内发挥最高的举升能力。使单人高空作业变得轻而易举。广泛用于工厂、宾馆、餐厅、车站、机场影剧院、展览馆等场所，是保养机具、油漆装修、调换灯具、电器、清洁保养等用途的最佳安全伴侣。主要升降机分为单立柱铝合金、双立柱铝合金、三立柱铝合金、四立柱铝合金。

4. 曲臂式

曲臂式高空作业升降车能悬伸作业、跨越一定的障碍或在一处升降可进行多点作业；平台载重量大，可供两人或多人同时作业并可搭载一定的设备；升降平台移动性好，转移场地方便；外型美观，适合于室内外作业和存放。适用于车站、码头、商场、体育场馆、小区物业、厂矿车间等大范围作业。

5. 套缸式

套缸式液压升降机为多级液压缸直立上升，液压缸高强度的材质和良好的机械性能，塔形梯状护架，使升降机有更高的稳定性。即使身处 20m 高空，也能感受其优越的平稳性能。适用场合：厂房、宾馆、大厦、商场、车站、机场、体育场等；主要用途：电力线路、照明电器、高架管道等安装维护，高空清洁等单人工作的高空作业。

6. 导轨式

导轨式升降机是一种非剪叉式液压升降台，适用于二三层工业厂房、餐厅、酒楼楼层间的货物传输。台面最低高度为 150～300mm，尤其适合于不能开挖地坑的工作场所安装使用，该平台无须上部吊点，形式多样（单柱，双柱，四柱），运行平稳，操作简单可靠，楼层间货物传输经济、便捷。

二、施工升降机结构

钢结构部分有围栏、吊笼、导轨支架、支承梁。驱动部分驱动总成。施工升降机安全装置有防坠安全器、上下限位、上下极限限位防坠及极限限位开关、松（断）绳保护、吊笼门联锁装置笼门连锁、围栏门机电联锁装置及超载保护装置重量限制器等。

　　驱动部分电缆将电力输送给传动系统。传动系统齿轮沿齿条上下运行。驱动系统有带对重、不带对重两种。对重钢丝绳通过支承梁上的天轮与吊笼连接在一起。升降机钢结构通过过道支架、过道、支撑架与建筑物连接。

　　施工升降机整机示意图如图 5-6 所示。

三、型号及性能参数

　　施工升降机的型号由类、组、型、特性、主参数和变型代号组成，如图 5-7 所示。

　　以 SCD200/200 型施工升降机为例，其含义为施工升降机、齿轮齿条传动、带对重、双吊笼中单笼额定载重量 2000kg 的施工升降机。

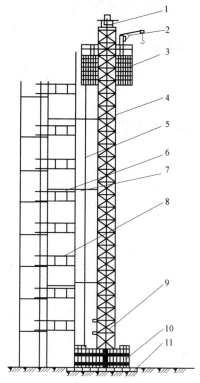

图 5-6　施工升降机整机示意图

1—天轮架；2—吊杆；3—吊笼；4—导轨架；
5—电缆；6—后附墙架；7—前附墙架；8—护栏；
9—配重；10—地面防护围栏；11—基础

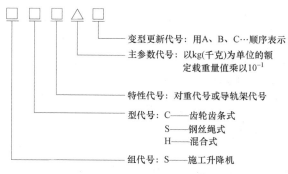

变型更新代号：用A、B、C…顺序表示

主参数代号：以kg(千克)为单位的额定载重量值乘以10^{-1}

特性代号：对重代号或导轨架代号

型代号：C——齿轮齿条式
　　　　S——钢丝绳式
　　　　H——混合式

组代号：S——施工升降机

图 5-7　施工升降机的型号表示

施工升降机的性能主要为三个方面：

（1）额定载重量：单独一个吊笼允许装载的最大质量。

（2）最大提升高度：吊笼运行至最高上限位置时，吊笼内底平面与底座平面间的垂直距离。

（3）额定提升速度：吊笼装载额定载重量，在额定功率下稳定上升的设计速度。

四、安全装置

1. 防坠器

为了防止施工升降机的吊笼超速或坠落而设置的一种安全装置，分为单向式和双向式两种，单向限速器只能沿吊笼下降方向起限速作用，双向限速器则可沿吊笼的上下两个方向起限速作用。防坠器每1年检测一次，每5年更换一次。

2. 缓冲弹簧

缓冲弹簧装在与基础架连接的弹簧座上，以便当吊笼发生坠落事故时，减轻吊笼的冲击，同时保证吊笼和配重下降着地时成柔性接触，减缓吊笼和配重着地时的冲击。缓冲弹簧有圆锥卷弹簧和圆柱螺旋弹簧两种。通常，每个吊笼对应的底架上有两个或三个圆锥卷弹簧或四个圆柱螺旋弹簧。

3. 上、下限位器

为防止吊笼上、下时超过需停位置，或因司机误操作以及电气故障等原因继续上行或下降引发事故而设置的装置，安装在吊笼和导轨架上，限位装置由限位碰块和限位开关构成，设在吊笼顶部的最高限位装置，可防止冒顶；设在吊笼底部的最低限位装置，可准确停层，属于自动复位型。

4. 上、下极限限位器

上、下极限限位器是在上、下限位器不起作用时，当吊笼运行超过限位开关和越程后，能及时切断电源使吊笼停车。极限限位是非自动复位型。动作后只能手动复位才能使吊笼重新启动。极限限位器安装在吊笼和导轨架上（越程是指限位开关与极限位开关之间所规定的安全距离）。

5. 安全钩

安全钩是为防止吊笼达到预先设定位置，上限位器和上极限限位器因各种原因不能及时动作，吊笼继续向上运行，将导致吊笼冲击导轨架顶部面发生倾翻坠落事故而设置的钩块状，也是最后一道安全装置。它能使吊笼上行到轨架安全防护设施顶部时，安全地钩在导轨架上，防止吊笼出轨，保证吊笼不发生倾覆坠落事故。

6. 急停开关

当吊笼在运行过程中发生各种原因的紧急情况时，司机能在任何时候按下急停开关，使吊笼停止运行。急停开关必须是非自行复位的安全装置，一般安装在吊笼顶部。

7. 吊笼门、防护围栏门连锁装置

施工升降机的吊笼门、防护围栏门均装有电器连锁开关，它们能有效地防止因吊笼或防护围栏门未关闭就启动运行而造成人员、物料的坠落，只有当吊笼门和防护围栏完全关闭后才能启动运行。

8. 楼层通道门

施工升降机与楼层之间设置了运料和人进出的通道，在通道口与施工升降机结合部必须设置楼层通道门。楼层通道门的高度不低于 1.8m，门的下沿离通道面不应超过 50mm。此门在吊笼上下运行时处于常闭状态，只能在吊笼停靠时才能由吊笼内的人员打开。应做到楼层内的人员无法打开此门，以保证通道口处在封闭的条件下不出现危险。

9. 通信装置

由于司机的操作室位于吊笼内，无法知道各楼层的需求情况和分辨不清哪个楼层发出信号，因此必须安装一个闭路的双向电器通信装置。司机应能听到每一楼层的需求信号。

10. 地面进口处防护棚

施工升降机安装完毕，应及时搭设地面出入口的防护棚，防护棚搭设的材质选用普通脚手架钢管、防护棚长度应不小于 5m，有条件的可与地面通道防护棚连接起来。宽度应不小于升降机底笼最外部尺寸。其顶部材料可采用 50mm 厚木板或两层竹笆，上下竹笆间距应不小于 600mm。

11. 断绳保护装置和相序保护装置

（1）断绳保护装置：吊笼和配重的钢丝绳发生断绳时，断绳保护开关切断控制电路，制动器抱闸停车。

（2）相序保护装置：相序保护装置的作用是相序保护、缺相保护、相不平衡保护、中性线断线保护、过电压和欠电压保护。

五、安装与拆除

（1）施工升降机每次安装与拆卸作业之前，企业应根据施工现场工作环境及辅助设备情况编制安装拆卸方案，经企业技术负责人审批同意后方能实施。

（2）每次安装或拆除作业之前，应对作业人员按不同的工种和作业内容进行详细的技术、安全交底，参与装拆作业的人员必须持有特种设备作业人员资格证书。

（3）施工升降机在安装作业前，应对升降机的各部件做如下检查。

1）导轨架、吊笼等金属结构的成套性和完好性。

2）传动系统的齿轮、限速器的装配精度及其接触长度。

3）电气设备主电路和控制电路是否符合国家规定的产品标准。

4）基础位置和做法是否符合该产品的设计要求。

5）附墙架设置处的混凝土强度和螺栓孔是否符合安装条件。

6）各安全装置是否齐全，安装位置是否正确牢固，各限位开关动作是否灵敏、可靠。

7）升降机安装作业环境有无影响作业安全的因素。

（4）安装作业应严格按照预先制订的安装方案和施工工艺要求实施，安装过程中由专人统一指挥，划出警戒区域，并有专人监控。

（5）安装与拆卸工作宜在白天进行，遇恶劣天气应停止作业。作业人员应按高处作业的要求，系好安全带。拆卸时严禁将物件从高处向下抛掷。

（6）每次安装升降机后，施工企业应当组织有关职能部门和专业人员对升降机进行必要的试验和验收，确认合格后应当向当地特种设备或建设行政主管部门告知，经特种设备检验机构安装监督检验合格后，才能正式投入使用。

六、安全使用

（1）施工企业必须建立健全施工升降机的各类管理制度，落实专职机构和管理人员，明确各级安全使用和管理责任制。

（2）升降机的司机应由经有关行政主管部门培训合格的专职人员担任，严禁无证操作。

（3）司机应做好日常检查工作，即在电梯每班首次运行时，应分别做空载和满载试运行。

（4）建立和执行定期检查和维修保养制度，每周或每旬对升降机进行全面检查，对查出的隐患按"三定"［定机构、定编制（人员）、定职责］原则落实整改。整改后须经有关人员复查，确认符合安全要求后方能使用。

（5）梯笼乘人、载物时，应尽量使荷载均匀分布，严禁超载使用。

（6）司机因故离开吊笼及下班时，应将吊笼降至地面，切断总电源，并锁上电箱门，防止其他无证人员擅自开动吊笼。

（7）升降机运行至最上层和最下层时，严禁以碰撞上、下限位开关来实现停车。

（8）各停靠层的运料通道两侧必须有良好的防护。楼层门应处于常闭状态，其高度应符合规范要求，任何人不得擅自打开或将头伸出门外，当楼层门未关闭时，司机不得开动电梯。

（9）确保通信装置完好，司机应当在确认信号后方能开动升降机。作业中无论任何人在楼层发出紧急停车信号，司机都应当立即执行。

（10）风力达 6 级及以上，应停止使用升降机，并将吊笼降至地面。

（11）升降机应按规定单独安装接地保护和避雷装置。

（12）严禁在升降机运行状态下进行维修保养工作。若需维修，必须切断电源并在醒目处挂上"有人检修，禁止合闸"的标志牌，并有专人监护。

七、维护与保养

1. 日检

（1）检查各部分连接螺栓是否齐全，有无松动现象。

（2）检查上、下限位开关，上、下极限开关的可靠性。

（3）逐一检查各门、断绳等开关动作是否正常。

2. 周检

（1）检查施工电梯吊笼滚轮导向间隙及紧固情况。

（2）检查润滑情况后，及时补充新油。

（3）检查控制电缆走线装置。

（4）检查所有标准节和附墙的连接点及紧固螺栓。

（5）检查配重块的滚轮固定情况及钢丝绳的均衡受力情况。

（6）检查电缆有无破损。

3. 月检

（1）检查吊笼导笼和曳引钢丝绳磨损情况。

（2）检查电动机制动力矩（按电动机说明书要求）。

（3）检查安全动作是否灵活。

4. 季检

（1）检查各导向轮轴承并根据情况进行调整和更换。

（2）检查调整滚轮与立柱的间隙 0.5～1mm，磨损严重需更换。

（3）做坠落试验，检查限速制动器的可靠性。

（4）检查全断绳防坠器的活动情况及可靠性。

（5）检查吊笼顶上的限载机构，超标时及时调整。

5. 年检

（1）检查升降机制动电动机和摆线减速器的联轴器。

（2）检查升降机曳引机轮槽及在爬升套架上的定位受力部件。

（3）检查吊笼及曳引机各柱销的磨损情况。

八、常见故障

施工升降机的故障一般分为电气故障和机械故障两类，这两类故障的处理方式不同，下面分别列出几种常见的故障、原因分析及排除方法，希望对有需要的朋友有所帮助。

1. 施工升降机常见的电气故障

施工升降机常见的电气故障见表 5-4。

表 5-4 施工升降机常见的电气故障

序号	故　障	原因分析及排除方法
1	保护开关 QF 跳闸	电缆内部损伤，短路或相线接地
2	保护开关 QF2、QF3、QF4 跳闸	1）变压器绕组或控制绕组与地短路； 2）安全保护开关压线松动、掉落、接地等
3	吊笼上下运行有自停现象	1）安全保护开关接点接触不良； 2）门开关动作
4	电动机启动困难并有异常声音	1）制动器无动作； 2）超载； 3）电源功率不足，或工地电源离升降机太远，供电电缆截面过小，致使启动压降过大
5	吊笼上行或下行，限位碰铁碰到限位开关不停止	1）上位开关 6KX 和下位开关 7KX 损坏； 2）限位碰铁位移
6	接触器易烧损	电源功率不足，或工地电源离升降机太远，供电电缆截面过小，致使启动压降过大，启动电流过大
7	操作升降机上下运行时有时动作不正常	继电器的接点接触不良
8	主接触器不吸合	1）检查三相电源是否正常； 2）三相电相序是否正确，相序继电器工作指示灯是否亮； 3）内外急停按钮开关，电锁开关是否开启； 4）元件损坏或线路短路、断路等
9	操作没上行或下行	1）检查主接触器是否吸合； 2）检查限速器微动开关、上下限位开关； 3）按上行是否上行接触器吸合，按下行是否下行接触器吸合

2. 施工升降机常见的机械故障

施工升降机常见的机械故障见表 5-5。

表 5-5 施工升降机常见的机械故障

序号	故 障	原 因 分 析	排 除 方 法
1	升降机起升 无力或不起	超负荷	减轻载荷
		回油阀未关闭	旋紧回油阀
		手动泵单向阀卡死，回位失灵	旋开油泵阀口螺栓，进行检修、清洗
		手动泵、齿轮泵严重漏油	更换清洁液压油，更换油泵密封圈
		齿轮泵损坏，打出的油无压力	更换齿轮泵
		液压油不足	加足液压油
		电路断路	检查按钮接触器及熔丝等
		滤清器堵塞	更换或清洗
		支持阀或电磁换向阀动作失灵 1）电磁线圈输入电压不足 220V 2）电磁线圈烧坏 3）阀芯卡死	检修或更换
2	升降机漏油	接头松动	紧固漏油处接头
		密封圈损坏	检查更换
3	工作台下溜	截止阀关闭不严	旋紧截止阀或检修
		油管或阀连接部位漏油	旋紧或更换密封圈
4	工作台下降不平稳	载重超负荷，引起支杆失稳	减轻负荷
		偏载严重	调整载荷重
		支杆因事故造成严重变形	大修
		油路夹气	加足液压油
		油脏	更换液压油

第七节　起重机常见机械故障及排除方法

起重机一般由机械、金属结构和电气三大部分组成，机械部分是指起升、运行、变幅和旋转等机构。起重机在使用过程中，机械零部件不可避免地遵循磨损规律出现有形磨损，并引发故障。导致同一故障的原因可能不是一一对应的关系。因此要对故障进行认真分析，准确地查找真正的故障原因，并且采取相应的消除故障的方法来排除，从而恢复故障点的技术性能。与起升、运行、变幅和旋转等机构相关联的起重机的零件、部件常见故障及排除方法

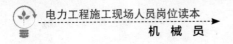

列于表 5–6 中。

表 5–6　　　　　　　起重机常见零件部分故障及排除方法

零件名称	故障及损坏情况	原因与后果	排除方法
锻造吊钩	吊钩表面出现疲劳性裂纹	吊钩表面出现疲劳性裂纹的原因：超载、超期使用、材质缺陷； 后果：造成吊钩变形或断裂而造成事故	吊钩表面发现裂纹，更换
	开口及危险断面磨损	开口及危险断面磨损的原因：长期使用，疲劳和磨损； 后果：削弱强度，易造成吊钩变形或断钩而造成事故	吊钩开口及危险断面磨损量超过危险断面 10%，更换
	开口部位和弯曲部位发生塑性变形	开口部位和弯曲部位发生塑性变形的原因： 1）长期过载，疲劳所致，如果是载荷大应考虑吊钩选择的合理性； 2）高温环境热辐射影响，对于使用于冶金环境的锻造吊钩，当热辐射温度超过 300℃时，应采取隔离热辐射的方法（通常锻钩是与板钩门式吊具组合使用的，在门式吊具的横梁上焊吊钩隔辐射板的方式防护吊钩）； 后果：弯曲部位变形易使吊重物脱落而造成事故	开口部位和弯曲部位发生塑性变形，立即更换
	吊钩动焊	吊钩动焊的原因： 1）吊钩补焊：吊钩原本在锻造过程中留有缺陷或使用后磨损而进行修补； 2）不当位置焊接辅助件：有些吊钩锻造时无防脱钩考虑，在使用时用户发现影响使用而在钩柄上动焊（锻造吊钩通常是 20 号钢经锻打而成，锻打使原有的晶格发生畸变和细化，提高了材料的强度。如果进行焊接，在焊接的位置相当于进行再冶炼过程，材料的性能恢复到 20 号钢的状态，同时焊接位置由于焊缝的收缩产生应力集中，使吊钩承载能力下降）。 后果：吊钩发生开裂和变形易使吊重物脱落而造成事故（在非受力位置如钩尖焊接不在考虑范围内，焊接的热影响区范围是有限的）	吊钩钩柄位置动焊或补焊，更换
叠片式吊钩（板钩）	吊钩变形	吊钩变形的原因：长期过载。 如果确认是由于过载引起的应考虑重新选择符合使用要求的吊钩。 后果：容易折钩使吊重物脱落而造成事故	出现吊钩变形现象时，换新吊钩
	表面有疲劳裂纹	表面有疲劳裂纹的原因：超期使用及超载。 后果：造成吊钩断裂使吊重物脱落而造成事故	吊钩表面有疲劳裂纹时，更换吊钩
	销轴磨损量超过公称直径的 3%～5%	销轴磨损的原因：润滑不良且长期使用。 后果：吊钩脱落使吊重物脱落而造成事故	板钩销轴磨损量超过公称直径的 3%～5%时，更换销轴
	耳环有裂纹或毛刺	耳环有裂纹或毛刺的原因：超载或磨损，以及设计或制作不当。 后果：耳环断裂使吊重物脱落而造成事故	板钩耳环有裂纹或毛刺时更换吊钩（分析原因后）
	耳环衬套磨损量达原厚度的 50%	耳环衬套磨损的原因：受力情况不良	板钩耳环衬套磨损量达原厚度的 50%时，更换耳环衬套

零件名称	故障及损坏情况	原因与后果	排除方法
钢丝绳	断丝	断丝原因：长期使用或滑轮卷筒与钢丝绳直径比过小（冶金起重机一般选用钢芯钢丝绳，其柔性较差，所以一般要求单股丝数25以上，滑轮卷筒与钢丝绳直径也较通用桥式起重机的大，如果按通用桥式起重机选用就容易出现断丝现象）	（1）断丝、磨损按标准更换 （2）其他立即更换
	断股	断股的原因：通常是在钢丝绳受力状态断股位置受到剐割外力作用	
	打结	打结原因：使用不当	
	磨损	磨损原因：长期使用或使用过程中钢丝绳与设备的其他部件有摩擦，或滑轮转动部件卡阻而造成钢丝绳与滑轮之间滑动摩擦。 冶金起重机由于高温和使用钢芯钢丝绳，因此自身润滑较差，也容易造成磨损（股间）	
	机械折弯	机械折弯原因：使用不当造成钢丝绳受外力的机械挤压	
	严重锈蚀	严重锈蚀原因：使用环境腐蚀、使用环境潮湿且保养维护不当、长期使用或使用不当	
	电弧灼伤	原因：使用环境中有带电体，且未加防护造成钢丝绳与其接触	
	松绳（笼型变形）	原因：可能由于钢丝绳自身质量问题，或使用过程中钢丝绳发生松绳方向的扭转力	
	严重波浪变形	原因：使用过程中钢丝绳自身扭力没有释放，造成受力不均匀	
	机械压扁	原因：使用不当而受到机械挤压。 钢丝绳损坏后果：可导致突然断裂而造成事故	
滑轮	滑轮绳槽磨损不均	原因：材质不均匀、安装不符合要求，绳和轮接触不良或偏心受力； 后果：加速钢丝绳的磨损	轮槽壁磨损量达原厚的1/10，径向磨损量达绳径的1/4时应更换
	滑轮心轴磨损量达公称直径的3%~5%	原因：长期使用及润滑不良； 后果：可能造成心轴断裂	滑轮心轴磨损量达公称直径的3%~5%更换
	滑轮转不动	原因：心轴和滑轮之间卡阻； 后果：钢丝绳和滑轮磨损加剧	滑轮转不动时，加强润滑和检修，必要时更换
	滑轮倾斜、松动	原因：轴上定位件松动，滑轮与轴之间磨损； 后果：钢丝绳和滑轮磨损加剧，易造成钢丝绳跳槽，可能造成心轴断裂	滑轮倾斜、松动时，对轴上定位件松动进行检修，如轮轴磨损更换
	滑轮裂纹或轮缘断裂	原因：滑轮受偏心力或外部机械力而损坏； 后果：易损坏钢丝绳，尤其在吊重时破损的滑轮缺口，可能切割受力钢丝绳而造成钢丝绳突然断裂而造成事故	滑轮裂纹或轮缘断裂时更换
	滑轮轮缘变形（钢制滑轮）	原因：受外力冲击	修复或更换（一般为钢制滑轮）

续表

零件名称	故障及损坏情况	原因与后果	排除方法
卷筒	卷筒疲劳裂纹	原因：长期使用或磨损使应力值提高（用钢性直尺沿卷筒纵向摆放，测量磨损处和未磨损处的尺寸，其差值与卷筒原厚度进行比对。也可以用分别测量直径进行换算的方法）。 裂纹可用放大镜进行观察，必要时可用磁粉或着色进行表面探伤。 后果：会造成卷筒破裂重物坠落而造成事故	卷筒出现疲劳裂纹时更换卷筒，不能补焊
	卷筒轴、键磨损	原因： 1）润滑不良卡阻； 2）键与槽之间松动有间隙（观察之间是否有间隙）； 3）超载使键发生塑性变形（正/反运转有沿转动方向的位移，严重时有冲击现象）。 后果：轴被剪断，导致重物坠落而造成事故	卷筒轴、键磨损时，停止使用，立即对轴键等检修，查明原因，更换符合要求的轴、键
	卷筒绳槽磨损和跳槽，磨损量达原壁厚的15%～20%	原因：长期使用、外拉斜吊（通常伴有乱绳现象）。 后果：卷筒强度削弱，容易断裂而造成事故；钢丝绳缠绕混乱，挤压易损坏	磨损量达原壁厚的15%～20%时更换卷筒
齿轮	齿轮轮齿折断	原因： 1）工作时超载； 2）磨损严重产生冲击与振动； 3）继续使用损坏传动机构； 4）齿轮本身材质或加工质量不合格。 后果：如齿轮折断发生在起升机构会导致重物坠落而造成事故	更换新齿轮并查找原因
	轮齿磨损达原齿厚的15%～25%	原因：长期使用磨损及安装不正确所致（运转中有振动、冲击和异常声响）。 后果：承载能力下降，可能导致断齿（如发生在起升机构会导致重物坠落而造成事故）	轮齿磨损达原齿厚的15%～25%时，更换新齿轮
	齿轮裂纹	原因：长期使用疲劳损坏，安装不正确导致超载运行。 后果：承载能力下降，可能导致断齿（如发生在起升机构会导致重物坠落而造成事故）	对起升机构应作更换，对运行机构等作修补
	因"键滚"使齿轮键槽损坏	原因：键与槽之间松动有间隙，以及超载使键发生塑性变形（运行改变方向时有轴向位移，严重时伴有冲击）。 后果：键被剪断，如发生在起升机构会导致重物坠落而造成事故	对起升机构应作更换，对运行机构可新加工键槽修复
	齿面剥落面占全部工作面的30%，及剥落深度达齿厚的10%；渗碳齿轮渗碳层磨损80%的深度	原因：长期使用或润滑不良以及齿轮本身热处理质量问题。 后果：1）承载能力下降，可能造成齿轮整个损坏，丧失承载能力； 2）如发生在起升机构会导致重物坠落而造成事故	更换。圆周速度大于8m/s 的减速器的高速级齿轮磨损时应对更换

零件名称	故障及损坏情况	原因与后果	排除方法
轴	裂纹	原因：材质差，热处理不当。 后果：导致损坏轴	轴出现裂纹时，应更换
	轴弯曲超过0.5mm/m	原因：设计刚度不符合要求；超载使用。 后果：导致轴颈磨损，影响传动，产生振动	更换或校正，如是设计原因，应更换符合要求的部件
	键槽损坏	原因：键与槽之间松动有间隙，以及超载使键槽发生塑性变形，不能传递扭矩。 后果：如发生在起升机构会导致重物坠落而造成事故	起升机构应作更换，运行机构等可修复使用
车轮	踏面和轮幅轮盘有疲劳裂纹	原因：热处理不当。 后果：会造成车轮损坏，造成脱轨	更换
	主动车轮踏面磨损不均匀	原因：热处理不当。 后果：踏面磨损不均匀导致车轮啃轨以及车体倾斜和运行时产生振动，严重时造成结构损坏	主动车轮踏面出现磨损不均匀现象时，应成对更换
	踏面磨损达轮圈厚度15%	原因：长期使用磨损，造成淬硬层磨损。 后果：继续使用将加速车轮损坏，影响设备的安全使用	踏面磨损达轮圈厚度的15%时更换
	轮缘磨损达原厚度的50%	原因：由车体倾斜、车轮啃轨所致。 后果：由于侧向承载能力大大降低，继续使用将造成轮缘变形及磨损加剧，容易脱轨	轮缘磨损达原厚度50%时更换
制动器零件	拉杆上有疲劳裂纹	原因：长期使用。 后果：制动器失灵	更换
	弹簧上有疲劳裂纹	原因：长期使用。 后果：制动器失灵	更换
	小轴，心轴磨损量达公称直径的3%~5%	原因：长期使用且维护保养不当。 后果：由于有一定的间隙产生，使得制动力下降，会导致抱不住闸	更换
	制动轮磨损量达1~2mm，或原轮缘厚度的40%~50%	原因：长期使用磨损，或制动轮热处理不符合要求，表面硬度不够。 后果：制动失灵，如发生在起升机构将造成吊重下滑或溜车	重新车削，热处理，车削后保证大于原厚度的50%以上。起升机构中制动轮磨损量达40%应作报废
	制动瓦摩擦片磨损达2mm或者原厚度的50%	原因：长期使用磨损，或制动瓦与制动轮两侧间隙调整不均匀。 后果：制动失灵，如发生在起升机构将造成吊重下滑或溜车	更换摩擦片
	偏制	原因：调整不当。 后果：长期使用会加速制动瓦及制动轮的磨损，造成制动失灵，如发生在起升机构将造成吊重下滑或溜车	调整
联轴器	联轴器半体内有裂纹	原因：长期使用和冲击。 后果：造成联轴器损坏不能有效传动扭矩	更换
	连接螺栓及销轴孔磨损	原因：由于长期使用的振动以及固定不可靠。 后果：起制动时产生冲击与振动、螺栓剪断、起升机构中易发生吊重坠落	对起升机构应更换新件，对运行等机构可补焊后扩孔

续表

零件名称	故障及损坏情况	原因与后果	排除方法
联轴器	齿形联轴器轮齿磨损或折断	原因：缺少润滑、工作繁重、急打反车冲击所致。 后果：导致联轴器损坏	对起升机构，轮齿磨损达原厚度的 15%即应更换。对运行机构，轮齿磨损量达原齿厚度的 30%时应更换
	键槽压溃与变形	原因：长期使用、超载使用、使用过程中有较大的冲击。 后果：脱键、不能传递扭矩	对起升机构应更换，对其他机构修复使用
	销轴、柱销、橡皮圈等磨损	原因：长期使用及超载使用。 后果：起制动时产生强烈的冲击与振动最终导致销轴、柱销断裂	更换已磨损件
滚动轴承	温度过高	原因：润滑油污垢、完全缺油或油过多造成润滑不良或散热不良。 后果：轴承使用寿命缩短及损坏，影响设备的正常运行	清除污垢、更换轴承、检查润滑油数量
	异常声响（断续哑音）	原因：轴承污脏造成润滑不良。 后果：轴承使用寿命缩短及损坏，影响设备的正常运行	清除污脏
	金属研磨声响	原因：轴承缺油。 后果：轴承使用寿命缩短及损坏，影响设备的正常运行	加油
	锉齿声或冲击声	原因：轴承保持架、滚动体损坏（断齿是有规律的敲击声）。 后果：轴承使用寿命缩短及损坏，影响设备的正常运行，甚至造成轴及轴承座的损坏	开箱检查更换损坏部件
制动器	不能闸住制动轮（重物下滑）	原因： 杠杆的铰链被卡住	排除卡住故障，润滑
		制动轮和摩擦片上有油污或露天雨雪造成摩擦系数降低	清洗油污
		调整不当造成电磁铁铁芯没有足够的行程	调整制动器
		制动轮或摩擦片有严重磨损造成制动力不足	更换摩擦片
		主弹簧松动和损坏造成制动力不足	更换主弹簧或锁紧螺母
		锁紧螺母松动、拉杆松动位移使制动力降低	紧固锁紧螺母
		液压推杆制动器叶轮旋转不灵或液压油泄漏	检修推动机构和电气部分
		制动片铰接销轴脱落。 后果：设备运行不能按要求有效停止，可能引发一系列事故的发生，如发生在起升机构将造成吊重物的坠落	恢复或更换
	制动器不松闸	原因： 电磁铁线圈烧毁	更换

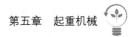

零件名称	故障及损坏情况	原因与后果	排除方法
制动器	制动器不松闸	通往电磁铁导线断开	接好线
		摩擦片粘连在制动轮上	用煤油清洗
		活动铰被卡住	消除卡住现象、润滑
		主弹簧力调整过大或配重太大	调整主弹簧力
		制动器顶杆弯曲，推不动电磁铁（在液压推杆制动器上）	顶杆调直或更换顶杆
		油液使用不当	按工作环境温度更换油液
		叶轮卡住	调整推杆机构和检查电器部分
		电压低于额定电压的85%，电磁铁吸合力不足。后果：机构不能有效运行，运行电动机严重过负荷，如保护电路不起作用时可能会造成电动机烧损	查明电压降低原因，排除故障
	制动器发热，摩擦片发出焦味并且磨损很快	原因：闸瓦在松闸后，没有均匀地和制动轮完全脱开，因而产生摩擦	调整间隙
		两闸瓦与制动轮间隙不均匀，或者间隙过小	调整间隙
		短行程制动器辅助弹簧损坏或者弯曲使制动轮与制动瓦有接触	更换或修理辅助弹簧
		制动轮工作表面粗糙制动时接触面积小，造成制动轮与制动瓦之间有较长的滑移距离。后果：制动瓦很快磨损坏，制动能力快速降低，使设备不能可靠运行	按要求车削制动轮表面。保证有效的接触面积
	制动器容易离开调整位置，制动力矩不够稳定	原因：调节螺母和背螺母（锁紧螺母）没有拧紧	拧紧螺母
		螺纹损坏。后果：制动不可靠，易造成制动失效，影响设备的正常运行	更换
	电磁铁发热或有响声	原因：主弹簧力过大	调整至合适大小
		杠杆系统被卡住	消除卡住原因、润滑
		衔铁与铁芯贴合位置不正确。后果：制动器不能有效工作	刮平贴合面
减速器	有周期性齿轮颤振现象，从动轮特别明显	原因：节距误差过大，齿侧间隙超过误差。后果：影响正常运行，可能造成齿轮损坏	修理、重新安装

续表

零件 名称	故障及 损坏情况	原因与后果	排除方法
减速器	剧烈的金属摩擦声，减速器振动，机壳叮咚作响	原因： 1）传动齿轮侧隙过小、两个齿轮轴不平行、齿顶有尖锐的刃边。 2）轮齿工作面不平坦。 后果： 影响正常运行，造成齿轮损坏以及减速机壳体的损坏	1）、2）修整、重新安装（开式齿轮传动有明显金属粉末）
	齿轮啮合时，有不均匀的敲击声，机壳振动	原因：齿面有缺陷、轮齿不是沿全齿面接触，而是在一角上接触。 后果：影响正常运行，冲击力易造成齿轮损坏及减速机壳体的损坏	更换齿轮
	壳体，特别是安装轴承处发热	原因： 1）轴承破碎。 2）轴颈卡住使得轴承与壳体间有相对转动	1）、2）更换轴承
		3）轮齿磨损。 4）缺少润滑油。 后果：会造成减速机轴和壳体损坏	3）修整齿轮 4）更换润滑油
	部分面漏油	原因： 密封失效	更换密封件
		箱体变形	检修箱体剖分面,变形严重则更换
		剖分面不平	剖分面铲平
		连接螺栓松动。 后果：造成减速机齿轮磨损损坏	清理回油槽，紧固螺栓
	减速器在底座上振动	原因： 地脚螺栓松动	调整地脚螺栓
		减速机底座周边没有挡块防止横向窜动	加横向止档
		与各部件连接轴线不同心	调整
		底座刚性差。 后果：传动不可靠，造成传动轴或减速机的损坏	加固底座，增加刚性
	减速器整体发热	原因：润滑油过多，造成散热不良。 后果：润滑油品质改变，润滑效果降低，被润滑件使用寿命降低	调整油量
滑动轴承	过度发热	原因： 轴承偏斜或压得过紧	消除偏斜，合理紧固
		间隙不当	调整间隙
		润滑剂不足	加润滑油
		润滑剂质量不合格。 后果：传动破坏，易造成轴和滑动轴承的损坏	换合格的油剂

续表

零件名称	故障及损坏情况	原因与后果	排除方法
起重机大车运行机构	桥架歪斜运行、啃轨	原因： 1）两主动车轮直误差过大，运行时两侧速度不一致。 2）主动车轮不是全部和轨道接触。悬空侧启动和停止时车轮与轨道出现打滑使车体在偏斜状态运行。 3）主动轮轴线不正，水平偏斜使得车轮在斜向运行，垂直偏斜使得车轮与轨道的接触是一个椭圆，同样的转速线速度大。 4）金属结构变形，可引发2）、3）种情况的出现。 5）轨道安装质量差，直线度差时，车轮轮距不可变，不可避免地出现啃轨。纵向倾斜度超差会造成局部位置主动轮悬空。 6）轨顶有油污或冰霜，造成摩擦系数降低，运行摩擦阻力不足。 7）角支轴承座固定螺栓松动，调整垫板脱焊，使得车轮位置改变。 后果：桥架变形，车轮等部件损坏，影响设备的正常运行	1）测量、加工、更换车轮。 2）把满负荷小车开到大车落后的一端，如果大车走正，说明这端主动轮没和轨道全部接触，轮压小，可加大此端主动车轮直径。 3）检查和消除轴线偏斜现象。 4）矫正。 5）调整轨道，使轨道符合安装技术条件。 6）消除油污和冰霜
小车运行机构	打滑	原因： 轨顶有油污等使得摩擦助力不足	作清除
		轮压不均，轮压小的摩擦助力不足	调整轮压
		同一截面内两轨道标高差过大，造成某一个车轮的轮压不足或悬空	调整轨道至符合技术条件
		起制动过于猛烈，电动机功率过大启动时加速度大，制动调得过紧 后果：运行不稳，车轮及轨道磨损加快	改善电动机启动方法，选用绕线转子电动机或进行启动调速方法
	小车三条腿运行	原因： 车轮直径偏差过大，造成有一个车轮悬空	按图纸要求进行加工
		安装不合理。车轮轴线不在一个平面，小车轨道同截面标高差值同轴向不一致	按技术条件重新调整安装
		小车架变形，造成一个车轮悬空。 后果：造成车架变形，车轮及轴承负荷加大使用寿命缩短，运行不稳定	车架矫正
	起动时车身扭摆	原因： 小车轮压不均或主动车轮有一只悬空	调整小车三条腿现象
		啃轨造成一侧阻力加大	解决啃轨
		一侧电机损坏。 一侧轴承损坏卡阻。 一侧开式齿轮传动失效。 后果：设备不能正常运行	修复

续表

零件名称	故障及损坏情况	原因与后果	排除方法
钢丝绳滑轮系统	钢丝绳迅速磨损或经常破坏	原因： 滑轮和卷筒直径太小，钢丝绳的弯曲曲率加大，易疲劳断裂	更换挠性更好的钢丝绳，或加大滑轮或卷筒直径
		卷筒上绳槽尺寸和绳径不相匹配，太小，钢丝绳受力时与绳槽的侧面摩擦加剧，磨损加快	更换起吊能力相等，但直径较细的钢丝绳，或更换滑轮及卷筒
		有脏物，缺润滑	清除、润滑
		起升限位挡板安装不正确经常磨绳	调整
		滑轮槽底或轮缘不光滑有缺陷	更换滑轮
		钢丝绳与起重机结构干涉 后果：会造成钢丝绳使用寿命缩短，可能造成钢丝绳突然断裂重物坠落事故的发生	解决干涉问题
	个别滑轮不转动	原因：轴承中缺油、有污垢和锈蚀或滚动轴承损坏。 后果：加速滑轮和钢丝绳的磨损，可能造成钢丝绳突然断裂重物坠落事故的发生	润滑、清洗或更换轴承
夹轨器	制动力矩小，夹不住轨道	原因： 活动铰卡住、润滑不良	清洗、润滑
		制动带磨损（钳口磨损）制动力矩显著减小 后果：遇风载荷作用设备被风吹走，在惯性力的作用下造成倾覆事故的发生	更换磨损件

第六章 施工机械技术管理

第一节 概 述

一、施工机械管理的主要任务

施工机械管理的主要任务是管理好施工机械，用好和维护好施工机械，使施工机械处于最佳的技术状态，保证施工机械的安全经济运行。

施工机械的技术管理必须按照机械化施工规律和机械的技术经济规律，科学地组织好机械管、用、保、修、供各方面的技术保障工作，实现保证完成机务工作任务和各项技术经济指标的目的。其任务是：

（1）经常保持机械处于完好技术状况，提高机械完好率和利用率，充分发挥机械效能。

（2）积极推广新技术、新工艺，改善技术装备，提高机务人员的技术水平和劳动生产率。

（3）确保机械的安全运行，最大限度地延长机械的使用寿命，降低机械使用和维修成本，优质、高效、低消耗地完成电力建设机械化施工任务。

施工机械技术管理涉及机械从选型到报废的全过程，涉及机械的管理、使用、维修保养、配件供应等各个方面。其中，机械的使用、保养、修理主要是技术管理工作，机械管理和供应中也有相当一部分技术管理工作。施工机械技术管理包括技术性工作和组织管理性工作，这两方面都是重要的，必须密切结合。

二、基础工作

搞好施工机械管理的重要内容是做好施工机械技术管理的基础工作，包括机械技术档案、技术操作规程、机械保养、修理、技术状况评定等规程、标准。

机械技术档案包括：① 原始文件，如机械使用保养说明书、合格证、修理手册、图册、随机工具、备件、备品目录；② 验收、安装和试验记录；③ 大修资料；④ 机械履历书；⑤ 报废技术鉴定等。

技术操作规程是保证机械安全使用的法规性文件。保证施工机械安全使用的前提条件是：制定符合施工机械实际情况的技术操作规程，并认真实施。

机械保养、修理规程和标准是机械保养、修理的法规性文件，它规定了机械保养、修理的范围、制度、分类和作业内容等。

机械技术状况的评定根据机械的动力性、可靠性和经济性分为以下四类：① 一类机械是指技术状况完好的机械；② 二类机械是指技术状况较好的机械；③ 三类机械是指技术状况较差需要修理或正在修理的机械；④ 四类机械是指待报废和不配套无法使用的机械。

三、机械技术状况的标准和技术管理的依据

评定机械技术状况的标准如下。

（1）动力性好。机械的动力部分应能达到铭牌或规定的功率。

（2）经济性好。机械对能源和主要消耗性材料的消耗应达到要求。对内燃机为动力的机械主要是燃油、润滑油和配件的消耗应达到要求。

（3）工作可靠性好。主要是机械的操纵系统和安全装置应灵敏可靠，机械的牵引力和工作装置的效率应正常。

（4）机械保养好，应达到机械无损坏、无失修、无丢失、完好率高。保养作业应按照"清洁、紧固、调整、润滑、防腐"十字作业方针，对照保养规程，按计划定期认真进行，并如实填写保养记录。

机械技术管理工作的主要依据有：

（1）《特种设备安全法》《特种设备安全监察条例》等法律法规、上级颁发的有关机械技术管理方面的规章制度、操作规程、保养规程、修理规范等。

（2）本单位制定的有关机械技术管理方面的制度等。

（3）随机资料。

（4）其他单位出版的技术资料、教材、讲义等。

（5）准确可靠的工作记录和试验记录。

对各种技术文件资料应遵循以下使用原则：

（1）首先应按照原制造厂技术文件进行。

（2）在没有原制造厂技术文件时，可参考该厂同类机械的技术文件进行，或者按照上级颁发的有关技术文件进行。

（3）在原制造厂技术文件和上级颁发的规章制度发生矛盾时，应由主管技术

负责人做出决定，一般应按照原制造厂技术文件的要求进行。在确有根据的情况下，也可做出另外的决定。

（4）在既无原制造厂技术文件，又无上级规章制度时，可参考其他单位出版的技术资料结合本单位的记录，经过分析研究后，制定补充规定或实施细则进行工作。对于其他单位出版的教材、讲义等资料在使用时应更加慎重。在没有把握时应进行必要的试验。

（5）在本单位的记录资料与原制造厂资料有原则出入时，应对本单位的记录进行复查，确实无误时应向原制造厂进行复查。

四、大型施工机械的安装、拆除、试车与技术要求

1. 安装前的准备工作

机械到厂前，有关人员应对该机械有关的技术资料和说明书进行详细的学习和研究。国外引进的机械的技术资料如果是外文，应尽快译成中文。安装前一般应考虑以下问题。

（1）了解机械的质量、体积等确定运输、卸车等措施。

（2）了解机械的工作条件及有无特殊要求等。

（3）及时培训掌握新机械的各类技术人员。

（4）准备安装和试运转时所需的物资，如工具等。

2. 开箱检查

新机械进厂后，应立即进行检查，检查机械的零部件、附件、各种技术文件、检验证书是否齐全，运输过程中有无损伤。检查零件、部件、附件有无缺陷，并做出记录。如发现问题，应立即向原制造厂和运输单位提出索赔。对进口的机械，开箱前后均应将损坏部位拍摄照片，详细记录，分析原因，然后与有关部门联系，以便及时向外商交涉，提出索赔。

安装和拆除起重机械、混凝土机械和施工电梯等大型施工机械，施工单位必须按照国家或行业的有关规定取得相应资质范围内进行，并实行项目负责人制度。

3. 安装拆除作业指导书的编制

（1）大型施工机械安装拆除前应编制作业指导书（包括安全技术措施）。安装作业指导书应明确过程控制中有关的检查、检验内容及相应的技术标准，必须对关键的工序、有关的几何尺寸、相对位置尺寸及偏差进行测量、检验，加强安装过程中的质量控制，确保施工机械安装质量。有关的检查、检验内容及技术标准、

检查检验方法参照下列标准及文件确定：

1）随机的安装说明书。

2）《电站建设扳起式塔式起重机》（GB 10039—1988）。

3）《电站门座起重机》（GB 10038—1988）。

4）《起重设备安装工程施工及验收规范》（GB 50278—2010）。

5）《机械设备安装工程施工及验收通用规范》（GB 50231—2009）。

6）其他施行的适用标准、规范。

（2）拆除作业指导书应明确并不限于以下内容：

1）起重机械拆卸工况为非理想工况时，拆卸的安全技术针对性的措施。

2）重要及关键的部件、构件、精密器件的拆卸工艺和防止损坏措施。

3）防止小型零部件丢失及防止液压系统、气路系统污染措施。

4）结构复杂的大型机械应给出构件标识或编号导则以便于安装。

5）机械拆卸后放置时间较长时，应明确的防雨、防锈蚀措施。

大型施工机械安装或拆除前，必须由该项目的工程师或项目负责人根据作业指导书（包括安全技术措施）的内容进行交底。

4. 大型施工机械的安装、拆除的施工管理

（1）安装拆除作业必须在准备工作就绪并完成交底后开工，严禁不具备安全作业条件或未进行交底而盲目开工。

（2）非流动式起重机械（塔吊、龙门吊、行车等）在安装前，应向当地特种设备安全监督管理部门或者住房和城乡建设部门（建筑工程和市政公用工程工地上用的）办理开工告知手续。

（3）安装拆除作业必须根据作业指导书（包括安全技术措施）的要求，严格按安装拆除程序分步有序进行，作业过程中要有技术负责人在场指导，安全员实施现场监督。

（4）起重机械拆卸工况为非理想工况时，危险点的作业必须有专职监护人监护，确保拆卸安全。

（5）安装拆除过程中发现作业指导书的有关内容不合理，或因故无法按作业指导书的要求进行施工时，应及时办理作业指导书内容的变更或改版手续。

（6）新购置的大型起重机械进行第一次安装和拆卸时，应按照订货合同要求，由制造厂家负责指导或拆卸，并负责培训用户有关人员。作业指导书（包括安全技术措施）的全部内容，应当征得制造厂人员的同意签字后，方可实施。

（7）安装拆除过程中，技术人员要及时做好安装拆除记录，安装拆除记录至少应包括下列内容：

1）安装作业记录：

a. 作业指导书的变更记录。

b. 作业指导书要求的检查、检验、测量项目的实际结果。

c. 构件、部件缺陷及处理记录。

d. 其他重要的技术数据及内容。

2）拆卸作业记录：

a. 作业指导书的变更记录。

b. 拆卸过程中发现的设备缺陷记录。

c. 拆卸过程中造成的构件、部件、零件损坏丢失记录。

d. 易丢失小型零部件装箱或移交记录。

拆卸作业必须按作业指导书的要求及有关的工艺进行，严禁野蛮拆卸。易丢失的小型零部件应及时清点、装箱，液压、气路系统拆卸后应立即采取防污染措施。

机械设备拆卸过程中需对部件、构件编号标识时，其标识必须可靠，以保证标识的可追溯性。

机械安装竣工后，安装单位的项目负责人或项目工程师组织对安装质量进行自检，发现问题及时处理。

5. 大型施工机械安装后的验收与试验

（1）大型施工机械安装竣工并经安装单位自检后，应进行验收及性能试验，安装单位、使用单位的有关人员参加。

（2）起重机械安装后必须进行负荷试验，试验程序按 GB 5031—2008《塔式起重机》、GB 5905—2011《起重机　试验规范和程序》进行。

（3）大型施工机械的性能试验及起重机械负荷试验的操作人员由使用单位安排（一般应安排该设备的设备主人），性能试验的场地、荷重、试验材料、装具、工具由安装单位负责准备。

（4）起重机械安装时应根据《特种设备安全法》的规定，向特种设备检验机构申请监督检验，由其进行监督检验并出具《起重机械监督检验报告》和《起重机械监督检验证书》，监督检验完成后由特种设备安全监察机关核发安全使用证。

（5）大型施工机械的验收记录、性能试验记录、检验报告必须归入机械的技术档案。

第二节　施工机械的维修保养

机械设备修理是恢复机械设备的技术性能，保障机械安全运行的主要手段。机械设备的修理，必须坚持"养修并重，预防为主"的原则，做到定期保养、及时修理。机械设备出现故障或零部件磨损接近或超过极限值时，必须及时进行维修，以保持机械设备良好的技术状况，严禁拼机械或带病运行；机械运转台时累计达到大修间隔期，应对机械进行全面的技术检查、鉴定，合理安排机械大修理。

一、机械修理的作业内容和方法

机械修理的作业内容较多，但主要是恢复零件的几何形状、几何尺寸、光洁度、理化性能和装配技术条件。同时，对修理部位和规定的部位进行保养作业的全部内容。

修理时，必须按照修理范围对需要修理的部位进行解体、清洗和鉴定，保留免修范围的零件，修复可修零件，更换不可修的报废零件，按照技术标准重新进行装配，然后试运和整体检验，达到规定的性能参数后，才能算修理工作完成。

对可修零件进行修复的工艺有："焊、补、喷、镀、铆、镶、配、涨、缩、校、粘、改"十二字修旧作业法。

在机械修理中常用的作业方法有以下几种。

1. 调整法

很多机械在设计制造时就考虑到一些部位的调整问题。如发动机的气门挺杆可用改变螺丝和螺母的相对位置维持挺杆规定的长度。

2. 换位法

机械零件的磨损有些是不均匀的，当零件的工作部分磨损过多需要修理时，而零件的其他部分可能并未磨损，将零件没有磨损的部位换到工作部位使机械恢复正常工作的方法称为换位法。

3. 修理尺寸法

用修理法恢复磨损的配合件，是对配合中的一个零件进行加工，使它具有正确的几何形状，而根据加工后零件的尺寸更换另一个零件，以恢复配合件的工作能力。修理后配合件的尺寸与原来不同，这个新尺寸称为修理尺寸。一般进行加工的零件是较复杂而贵重的零件。

修理尺寸法的优点是可以充分利用零件的金属，延长复杂而贵重的零件寿命，修理质量高，修理后工作可靠。其缺点是零件尺寸变化较大，相对削弱了零件的强度。

进行零部件的修理时必须按照有关技术规定的修理尺寸进行修理。

4. 附加零件法

附加零件法是指当配合零件磨损时，将配合零件分别进行机械加工，以得到正确的几何形状，然后在配合中增加一个附加零件，以恢复原配合。

例如：当轴径与零件孔的磨损很大时，可将轴加工到最小尺寸，在孔中镶套或在轴颈上压轴套。

附加零件法的优点：可以修复磨损很重的配合体，零件加工时不受高温影响，材质不发生变化，修理质量较好，而且再磨损时可以再次更换附加零件，延长基体零件的寿命。

附加零件法的缺点：由于加工对零件强度削弱较多，只有在零件构造、强度允许的条件下才能采用。

5. 局部更换法

更换零件上损坏部分的修理方法称为局部更换法。例如：齿轮组中某一齿轮磨损严重，可将磨损部分退火后切去，更换新齿圈后，在接缝处进行焊接，使齿轮得到修复。

该方法的优点：节约钢材，修复质量较高。缺点：工艺复杂，有时对硬度高的零件加工困难。

6. 恢复尺寸法

恢复尺寸法是指使磨损的零件恢复到原来的形状和尺寸，以恢复配合作用的修理方法。可分为以下几类：

（1）机械结合。依靠物体间的摩擦力来维持金属间的组合。

（2）电沉积结合。依靠离子在金属表面沉积上去。

（3）熔焊。如电焊、气焊等。

（4）胶和。以化学胶将金属、木材等连接起来。

（5）挤压。用压力加工的方法，把零件上备用的一部分金属挤压到磨损的工作面上，以增补磨损掉的金属。

7. 更换新零件法

由于技术和经济上的原因，将已经磨损不可修复或不值得修复的零件，可以用新的零件替换。

对于购买不到新零件，或购买新零件需要的时间太长而造成机械修理时间太长，经济损失太大或影响生产时，虽然修复的成本高也应采用修复的方法。因此，应从经济效果和影响施工等因素全面权衡比较，最后确定零件修复的价值。

二、机械零件修理的基本工艺

组成机械的最小单位是零件，零件修理是机械修理的基本内容，零件修理质量是机械修理质量的基础，要提高零件的修理质量必须首先改进零件的修理工艺。

1. 零件修复的机械加工

机械加工是零件修理过程中最主要和最基本的工艺，施工机械大修时，需要修理的大多数零件均要经过机械加工来消除缺陷，最终达到规定的几何形状、几何尺寸、理化性能、加工精度和光洁度。

在零件修复过程中机械加工可以作为一种独立手段直接修复零件，而且也是其他修复方法如焊接、喷涂等工艺不可缺少的准备和最后加工工序。零件修复机械加工可分为以下几类：

（1）轴类零件的加工。主要包括各种轴、肖、杆、螺栓及齿轮等，一般为渗碳钢（低碳钢和低碳合金钢）和调质钢（即中碳钢淬火再进行高温回火）。

（2）汽缸体、变速箱体、后桥壳、减速器壳、液压泵壳等壳体零件的加工，这些零件是总成装配的基础件。其材料多为灰铸铁、可锻铸铁、球墨铸铁和铝合金等。由于制造质量、时效处理、热加工和使用受力等多种原因易产生变形，加工前的校准整形工作很重要。

（3）修理尺寸法加工。将零件已磨损部位经过加工恢复到正确的几何形状，加工中注意尺寸链原理的使用，以避免造成装配中的困难。

（4）镶套修复法加工。施工机械上的结构和重要部件，其磨损部位常用镶套法修复。镶套属于静配合，为了保证两套接件在工作中不松动，并且在镶套时不会胀裂，要求两套接件有准确的过盈和较高的加工精度。

2. 零件修复的压力加工

压力加工修复零件是利用外力的作用使金属产生塑性变形，恢复零件的几何形状或使零件非工作部位的金属向磨损部位移动，以补偿磨损掉的金属，恢复零件工作表面原来的尺寸和形状。

根据金属可塑性的不同，压力加工可以在常温下进行（冷加工），也可以在加热状态下进行。

含碳量在 0.3%以下的低碳钢、有色金属及其合金制成的零件，有较大的可塑性，可以冷加工。冷加工后的零件，金属的组织结构和机械性能都有所改变，晶格歪扭，强度和硬度增加，冲击韧性和塑性降低，在内应力作用下会出现变形、裂纹等现象，因此冷加工之后要进行热处理，消除加工应力。

含碳量超过 0.3%的中碳钢和高碳钢所制零件，塑性较差，加压前要加热，但加热温度必须比锻造和冲压的温度低得多。加热会破坏零件的热处理硬度，因此，热压后应重新进行热处理。常用的压力加工方法有胀大或缩小、镦粗、校直、冷作强化。

3. 零件的焊接修复

焊接可修复零件的裂纹和折断，堆焊能恢复零件的尺寸，并能适用于所有的金属，是零件修复中广泛使用的重要工艺。它的设备简单，成本较低，焊层的厚度和硬度可以满足要求，而且与基体金属结合良好，但局部高温产生的内应力使零件变形，甚至破裂，工艺比较难掌握。

4. 零件的喷涂修复

喷涂就是把熔化的金属用高速气流喷敷在已经准备好的粗糙的零件表面。常用的方法有：

（1）电喷涂。用电弧熔化金属，设备简单，使用方便，生产成本低，但质量比气喷涂差。

（2）气喷涂。用氧–乙炔焰熔化金属，这种工艺的成本较高。

（3）等离子电弧喷涂。用等离子电弧熔化金属进行喷涂，一般是将金属粉末由气流带入喷枪，经等离子电弧熔化喷出。

等离子电弧喷涂法有以下特点：

（1）熔化温度高，能向零件表面喷涂碳化钨等熔点高而又极硬的耐磨层。

（2）喷涂层与基体合金既有熔合，也有机械结合，使喷涂层的结合强度大为提高。

（3）仍保留金属喷涂层多孔性的优点，有利于磨合及润滑。

（4）不仅可以喷涂金属，也可在金属零件表面喷涂陶瓷等耐热耐磨的非金属层。

金属喷涂广泛应用于修复曲轴、凸轮轴、转向节、半轴套管、气门等。

在机械零件的修复中也经常使用二硫化钼粉和二硫化钼电泳成膜工艺。二硫化钼是一种固体润滑材料，用二硫化钼和环氧树脂、油漆稀料等其他材料混合后喷涂，可使磨损零件恢复原尺寸，该工艺多用于活塞的修复。

5. 零件的电镀修复

磨损程度不大的零件，尤其如滚动轴承、各类轴颈、汽缸套等轴类零件最宜采用电镀工艺修复。

在零件修复中常用的是镀铬、镀铁和镀铜。

6. 零件的胶粘修复

零件胶粘的特点是工艺简单，设备少，成本低，使用范围广，已发展成为修旧的重要工艺。常用的有环氧树脂粘结、酚醛树脂粘结和氧化铜粘结等。

7. 其他修复工艺

其他修复工艺如化学处理工艺和热处理工艺的结合而产生的氮化处理、硼化处理修复旧件，不仅可以提高零件的硬度、耐磨性和抗腐蚀性，而且改善了零件的金相组织。又如电解加工对磨损的复杂几何形状零件的修复也成为可能。其他如电火花加工工艺也已被修理行业广泛采用。

8. 制订零件修复工艺规程的程序

（1）制订零件修复工艺规程时，应从本单位的具体情况出发，合理制定修复方案。

（2）首先要制定各损坏部位的修复方案。

（3）然后把它们综合到一起，按照一定的原则拟定出先后次序，形成零件修理的工艺流程。

（4）对工艺流程的某些重点工序，应制定工艺卡。

（5）修理单位应按照"工艺合理、经济合算、质量可靠、生产可能"的原则选择修复工艺，并制订出工艺规程作为零件修复机械加工的依据。经常调查修复零件使用效果和寿命，不断改进零件的修复工艺。

三、机械的修理制度

施工机械修理是施工机械管理中一项重要的、复杂的和技术性很强的工作，必须有健全的制度，才能保证机械修理任务的顺利完成。

机械修理制度应根据机械技术状况变化规律和机械性能低劣化原理与计划修理、质量第一、定期检查，按需修理的原则及机械的类别和复杂程度、机械运行的条件、机械保养和修理质量等制定。

机械修理制度的内容应包括：

（1）修理分类。

（2）修理间隔期，包括不同机型、不同使用条件下的修理间隔期。

（3）机械修理标志和技术鉴定制度。

（4）各种机械的修理规范和质量检验标准。

（5）机械送修和修理竣工出厂验收规定。

（6）修理定额，包括人工、配件和消耗材料消耗定额以及费用定额。

（7）收费标准。

（8）保修制度。

1. 机械修理的分类

（1）机械设备的检修。作业内容主要是针对性的消除隐患、排除故障。

（2）机械设备项目修理。作业内容主要是对零部件磨损接近或超过极限值，不能正常工作的少数总成件，进行局部恢复性修理。

（3）机械设备大修理。作业内容是对机械设备进行全面彻底的恢复性修理。

2. 机械修理的间隔期

机械修理的间隔期是机械使用、修理方面一项重要的技术经济定额，是考核机械使用寿命的指标，是计划修理的重要依据。

机械修理的间隔期是机械两次大修之间以及大修到项目修理、项目修理到大修之间的间隔周期，用工作台班或行使公里数来表示。

3. 机械修理标志

（1）确定机械修理标志按照以下程序进行：

1）将机械分成若干总成。

2）根据各主要总成的性能要求确定该总成的大修标志。

3）根据大修主要总成的数量确定机械大修、项目修理的标志。

（2）机械总成的划分。

施工机械总成一般划分为动力装置总成、变速装置总成、传动装置总成、机架和机身总成、操纵装置总成、行走装置总成以及工作装置总成等主要总成和一些辅助总成。

（3）施工机械主要总成大修的标志。

1）发动机大修标志有：发动机动力性能显著降低，经调整后在使用中比一般正常情况尚需挂低一挡者；严重烧机油，机油消耗量超过定额一倍以上者；发动机走热后，测量各汽缸压力达不到规定标准60%者；发动机走热后，运转时有严重的异常声音。

2）电动机大修标志有：在额定负荷下测量，线圈最高温度超过规定者；线圈损坏、断路、短路，分绕组各接头有烧焦脱焊现象或绝缘电阻不符合规定者；转子轴有弯曲、松动、裂纹、轴头磨损到限，集电环、整流子烧损腐蚀到限，绝缘不良，铁芯嵌槽内绝缘有粘、焦、脱出现象，以及炭刷架破损变形需彻底整修者。

3）机械部分大修标志有：传动机构主要机件达到极限磨损程度，运转中有偏摆、异常声音及撞击、发抖现象；转向及操纵机构磨损过大，操作不灵；变速箱齿轮及轴磨损松旷，换挡困难或跳挡；机架主体严重变形或开裂；行走机构严重磨损，不能正常工作；工作装置严重腐蚀损坏，操作不灵，不能正常工作。

凡机械总成磨损、腐蚀、变形或损坏，不能正常工作，非进行全部解体彻底修理不能修复或更换主要基础零件、部分关键零件或较多的非易损零件者，是总成大修。

4）各种机械大修项目修理标志。以内燃机为动力的复杂机械大修项目修理的标志有：发动机和其他三个以上主要总成符合大修标志者为全机大修；发电机和其他两个以下主要总成符合大修标志者为全机项目修理。

其他机械大修标志有：全机主要总成多数符合大修标志者为全机大修；个别或少数总成符合大修标志者为全机检修。

4. 机械修理前的技术鉴定和延长使用

机械达到大修、项目修理间隔期限后，在送修一个月前，使用单位应组织进行技术鉴定，符合大修、项目修理的标志时才能送修。未达到需修标志者，应延长使用。虽然未达到大修、项目修理间隔期限，但技术情况严重恶化，也应进行技术鉴定，确定是否需要送修。

技术鉴定是根据机械的磨损规律，防止盲目送修和盲目延长使用的有效措施，应通过从机械技术档案、机械履历书和使用单位包括操作与维修人员了解机械情况；按照修理标志对各总成进行外观和局部工作检查；根据修理标志，通过运行试车检查各总成的工作情况；试车后重点检查等各项检查情况，对照送修标志进行综合分析，确定送修或者延长使用。

技术鉴定完成后，应将记录列入技术档案并将鉴定结果报告机械管理部门，办理送修或变更修理计划的手续，并通知修理单位提前做好备料准备。

对没有达到修理标志而提前送修的机械，应查明原因。

5. 机械设备大修理的委托及送修

机械设备大修理项目由机械管理部门根据年度机械大修理计划，开具机械设备大修理委托单，将大修理项目委托到承修单位。机械设备大修理委托单应注明主要修理内容、技术要求、质量要求以及要求竣工日期等内容。

机械使用单位应按照机械大修理计划及时送修。送修机械必须清理干净，所有总成、零件、仪表、附件均应齐全。

机械使用单位送修机械时应向承修单位提交该机械详细的技术状况说明。

6. 机械大修理的竣工验收

机械大修理竣工后，首先由班组技术人员会同承修人进行认真自检。自检内容应包括机械的技术状况、技术性能、恢复程度和大修理记录的检查。

班组自检合格后，承修单位的分管专责工程师，会同班组质检员（或承修人）进行修理单位的第二级验收。

二级验收合格后，由机械管理部门会同机械使用单位、承修单位完成第三级质量验收。大修后的机械必须按有关技术试验规定进行试验，合格后方可交付使用。

7. 机械大修理费用的结算

机械大修理竣工移交后，承修单位与使用单位应签订修理协议，明确双方的责任和要求，如质量要求、费用结算、保修期和保修内容等。

8. 大修理机械设备的保修

大修理机械设备一般自投用起三个月免费保修，保修期内若出现修理质量问题，承修单位在接到通知后必须及时派员修理。因修理质量造成返修，其全部费用应由承修单位承担。

四、机械的保养

机械设备使用单位，应正确处理好用养关系，妥善安排好保养时间。推行强制性计划保养，不可只用不养或以修代养。保养作业应按照"清洁、紧固、调整、润滑、防腐"十字作业方针，对照保养规程，按计划定期认真进行，并如实填写保养记录。

机械设备确因施工任务紧急无法按计划停机保养时，应报单位分管负责人同意，适当延长保养间隔时间，或采取分期分步进行保养的方法。不应为抢工期而拼机械。

1. 保养规程的编制

机械使用单位应根据机械的结构、种类编制机械保养规程。保养规程要明确适用机械的种类、保养类别（例行保养，一、二、三级保养，换季保养）及相对应的台班间隔期（或完成的工作量）、保养内容。

2. 机械保养计划的编制

机械使用单位应根据机械保养规程及机械的运转台时（或完成的工作量）编制本单位的《机械设备月度保养计划》，月度保养计划应报机械管理部门，并接受其监督检查。

3. 保养作业的实施与监督

（1）例行保养：在机械运行的前后及过程中进行，由操作者本人完成。其中心内容是：

1）清洁。

2）主要检查要害、易损部位，如操作安全装置、关键要害部位紧固情况。

3）检查冷却液、润滑油、润滑脂、燃油量、液压油量等。

（2）一级保养。以"清洁、紧固、润滑"为中心内容。使用单位技术员或机管员根据机械运转台时，开具《机械设备保养润滑通知单》，下达到操作班组，由操作者本人完成，操作班长及机管员进行检查、监督。

（3）二级保养。以"检查、调整（包括一级保养的内容）"为中心内容。使用单位技术人员开具《机械设备保养润滑通知单》，下达到操作班组，主要由操作者本人完成，个别项目操作者本人完成确有困难时，可委托修理部门进行，操作人员必须协助修理人员完成保养作业。使用单位技术员、机管员、操作班长检查、监督。

（4）三级保养。以彻底检查、更换部分磨损件、消除隐患为主要内容，必要时可增加防腐项目。

三级保养由操作者本人完成，确有困难的项目可委托修理单位完成，操作人员必须协助修理人员完成保养作业。使用单位技术员、机管员、机械设备主人共同验收。

（5）换季保养。主要内容是更换适合季节的润滑油、燃油、采取防冻措施，增加防冻设施等，由使用单位组织安排，操作班长检查、监督。

机械管理部门每季度对燃油机械及机动车的维护、保养等控制过程进行监督检查，检查中发现的不符合项目及时向责任单位下发《机械设备检查限期整改通知单》，限期整改并跟踪验证。

（6）走合保养。新机及大修竣工机械走合期结束后，必须进行的保养。主要内容是清洗、更换润滑油、紧固、调整。

走合保养由机械使用单位完成，确有困难的项目可委托修理单位完成。

（7）转移保养。机械转移工地前应进行的保养。作业内容可根据机械的技术状况，参照二、三级保养进行，必要时进行防腐。

转移保养由机械使用单位组织安排实施，技术员、机管员检查，机械管理部门监督。

（8）停放保养。

1）停放及封存机械应定期进行保养，主要内容是清洁、防腐、防雨、防潮等。由使用单位安排实施，并做好保养记录。

2）经拆卸后放置，尤其是露天放置的机械，必须采取切实可行的措施，防止锈蚀、污染、损坏、丢失；易丢失的附件、构件必须集中保管，各配合销、孔、开式齿轮必须涂油脂防腐，液压管口必须封扎，电气设备必须采取有效的防雨措施；机械拥有部门必须定期检查保养，并做好记录。

（9）机械使用单位每月组织机械设备保养状况检查，机械管理部门应对机械的保养情况进行定期检查和不定期抽查，并进行奖罚。

五、施工机械配件的管理

只有符合技术标准规定的配件装配到机械上，才能使机械处于完好的技术状况，才能正常工作。因此，加强对施工机械配件的验收、鉴定和保管中的技术管理是整个机械管理中不可缺少的部分。

1. 配件的检查验收

对购入或自制的、修复的零件或者总成件，必须按照技术标准进行检查验收合格后，才能使用。零件一般应从以下几方面进行检查验收：

（1）零件的几何尺寸和几何形状。

（2）零件的腐蚀、疲劳、裂纹、剥落、刮痕等表面状况及对润滑油的吸附性能等。

（3）零件的材料性能。

（4）零件的物理化学性能。

（5）零件的表层涂层和基体的结合强度。

（6）零件的内部缺陷。

（7）零件、组合件的重量平衡和动平衡。

（8）组合件的配合情况。

2. 修理中配件的鉴定和分类

（1）在大修过程中，必须根据大修允许限度和使用允许限度以及能否修复的情况，对解体的零件进行鉴定和分类。

1）零件的几何尺寸和各方面技术状况都在大修理允许限度内的为免修件，不用修理就可使用。

零件超过大修理允许限度，但在使用允许限度内，在大修理机械或大修理总成上不能使用，在检修、保养范围包括项目修理的非大修理部位仍可使用，属于检修的免修件。

2）零件的几何尺寸和技术状况超过大修理或使用允许限度，但可以修复达到大修理允许限度或使用允许限度范围内者为可修件，修复后继续使用。

3）零件的几何尺寸或技术状况已超过使用允许限度，且无法修复者为报废件，不允许使用。

（2）零件分类后，应用不同颜色的油漆做出标记，并标明需修和报废的部位。免修件、可修件、报废件应用不同的颜色进行标记。

（3）不得使用报废的零件来降低成本；也不得用更换可修件或免修件的方法或更换总成代替更换零件的办法，提高工效。

（4）在条件允许的情况下，可修件可由配件部门集中保管，成批安排修理。

3. 配件的保管

（1）配件应按车型、部位、理化性能和技术要求分别妥善放置，新件、免修件、待修件和报废件应分开保管，并进行明显的标识。

（2）在保管期限的配件应加标识，标明进货和保管期限，并在到期前发放或处理。

（3）对金属零件的精加工表面应注意防护。

（4）对保管的配件应加强维护保养，发现包装破裂、油脂脱落、腐蚀生锈等应进行启封、清洗、除锈和重新包装，除锈时尽量不影响配件质量。

（5）对发动机、精密仪表、电气配件等应采取适当的办法进行密封保管。

（6）配件仓库管理人员应按有关的仓库管理制度，保证库容、库貌的整洁，并定期对库存配件进行检查保养，防止配件锈蚀、损坏。

第七章 起重机械操作禁忌与常见事故

第一节 起重机械通用操作禁忌

一、起重、起重指挥、司索安全作业禁忌

（1）严禁没有经过安全技术培训、考核合格，未取得特种设备作业人员证（起重机械指挥）的人员指挥起重机械。

（2）指挥人员必须熟悉所指挥的起重机械的技术性能；禁止指挥人员发出模糊、不准确、不规范的指挥信号。

（3）严禁指挥人员在不能同时看清操作人员和负载时，不设置中间指挥人员逐级传递信号而指挥。

（4）严禁负载降落前，指挥人员不确认降落区域是否安全可靠直接发出降落信号。

（5）在起吊开始时，应先用微动信号指挥，待负载离开地面约 100mm 并稳定、确认安全后，方可用正常速度指挥，在负载最后降落就位时，也必须使用微动信号指挥操作。

（6）禁止超载情况下，指挥发出起吊信号。

（7）禁止盲目起吊埋在地下的不明物件，以及重量不清的重物。

（8）两台或两台以上的吊车抬吊设备时，起重指挥只能有 1 人，不得多人指挥。

（9）当多人绑挂同一负载时，禁止不做呼唤应答，指挥人员没有逐点确认绑扎无误后就指挥起吊。

（10）起吊异形或不规则重物时，严禁没有合理选择吊点即起吊作业。

（11）禁止随意捆扎或挂钩起吊，严禁捆绑钢丝绳打死结，必须有可靠的防止钢丝绳产生松脱或滑动的措施。

（12）起吊较长的物件时，在特殊情况下吊索绳之间夹角不得大于 120°（一般为 60°～90°）。

二、起重机械安装拆除、修理（保养）及操作人员禁忌

（1）禁止安装、拆除、修理（保养）及操作人员未经过专业培训并取得相应的资格证书上岗作业。

（2）禁止不熟悉所操作机械的性能、构造。安全操作规定、精神或精神不适者操作机械。

（3）必须严格执行"十不吊"[① 超载或被吊物重量不明时不吊。② 指挥信号不明确时不吊。③ 捆绑、吊挂不牢或不平衡可能引起吊物滑动时不吊。④ 被吊物上有人或有浮置物时不吊。⑤ 结构或零部件有影响安全工作的缺陷或损伤时不吊。⑥ 遇有拉力不清的埋置物时不吊。⑦ 歪拉斜吊重物时不吊。⑧ 工作场地昏暗，无法看清场地、被吊物和指挥信号时不吊。⑨ 重物棱角处与捆绑钢丝绳之间未加衬垫时不吊。⑩ 钢（铁）水包装得太满时不吊]。禁止偏拉斜吊；禁止拖曳未离地面的载荷，避免侧载；禁止散装物件装得太满或捆扎不牢、不正确起吊；禁止起吊与地面或其他零部件有连接的载荷。

（4）禁止采用两台及以上的吊车抬吊设备时，吊车在额定起重能力下工作，应降低各吊车额定起重能力至 80%；禁止同时开动两台起重机的两个不同机构；禁止每台起重机同时开动两个不同机构。

（5）禁止起重机安装或拆除不设警戒区，修理保养不设警示牌，必要时设专人监护。

（6）禁止在起重机运行中上下人员和进行检查、修理工作；禁止随意跨越上下；不得挂负荷下车或将吊物长时间吊挂在空中。

（7）禁止司机在指挥人员未发出起重信号时擅自起吊；禁止指挥信号不清或有错误时盲目开车；在开车前必须鸣铃示意。

（8）禁止把位置很低的吊钩或吊具，运行到指挥或司索看不到的位置。

（9）除特殊情况下，不得利用打反车来进行制动，不得将控制器从正转急速变为反向逆转。

（10）在露天工作的起重机，当风力大于 5 级时，应停止迎风面积大的起重作业；当风力大于 6 级时，必须停止作业。

（11）有主副两套起升机构的起重机，主、副钩不应同时开动；主、副钩换用时，两钩在相同高度时不得同时开动两个吊钩；禁止主、副钩同时吊运两个重物。

（12）操作者必须用手柄开关来操纵，不可利用极限位置限制器来停车。

（13）禁止三机构同时动作。

（14）起重机带载时禁止司机脱离岗位。

（15）严禁操作时精力不集中。

（16）严禁吊物上站人起吊。

（17）禁止超负荷、超允许的工作半径、超起重臂允许的角度范围工作。

（18）禁止随便调整液压元件的调整部位，尤其在工作中。

（19）禁止吊车臂杆或吊物与高压输电线路的安全距离不符合要求时作业。

三、钢丝绳（吊索）使用禁忌

（1）禁止在钢丝绳吊索与重物的棱角处不采取保护措施而进行吊装作业。

（2）禁止作业时钢丝绳与电焊把线及其他电源线接触。

（3）禁止钢丝绳与金属锐角或截面经常摩擦；钢丝绳不得在已经破损的滑轮上穿过。

（4）钢丝绳在卷扬的卷筒上缠绕时应排列整齐；禁止交叉相压。

（5）禁止在高温物体上使用钢丝绳时不采取隔热措施，而降低钢丝绳的强度。

（6）禁止钢丝绳端部用绳卡固定时不按标准要求设置。

（7）禁止钢丝绳在卷筒上排列不紧密，最少缠绕圈数不少于3圈。

（8）为防止钢丝绳的寿命缩短，禁止传递滑轮的直径（或者卷筒的直径）与提升钢丝绳直径之比小于规定的要求。

（9）禁止编结接长的钢丝绳作为起升绳使用。

（10）禁止吊装过程中钢丝绳出现"出汗"、抖动等现象，仍强行作业。

（11）禁止钢丝绳采用楔形套管固定时（主要指起升绳），不用绳卡固定。

（12）当起重吊钩为双挂钩时，禁止起吊钢丝绳集中挂在一侧钩上，必须对称挂放在两侧钩上。

四、安全保护装置禁忌

（1）严禁起重力矩限制在失灵或不灵敏情况下继续使用。

（2）严禁关闭或解除力矩限制器违章起吊。

（3）严禁将起升高度限位器拆除或人为失灵操作起重机（起升作业）。

（4）严禁各种限位和保险装置［如行走限位、幅度限位、起升高度限位、吊钩保险（防脱钩）、钢丝绳防脱槽（卷筒）等］在失灵或不灵敏情况下继续使用。

五、轨道与基础禁忌

（1）禁止路轨基础浸泡在水里。轨道一侧必须设置排水沟并保持畅通。

（2）严禁路轨压板缺少或压板螺栓松动或道钉设置不牢固。

（3）禁止轨道行走式起重机缺少夹轨钳或非工作状态时不上夹轨钳。

（4）禁止轨道端部极限阻挡装置高度与起重机行走机构不符、强度不够、两侧轨道阻挡装置不在一平行线上，起不到阻挡作用。

（5）禁止不同型号、不同规格、不同材料的钢轨铺设在同一台起重机轨道上。

（6）不允许使用普通钢板代替连接板（鱼尾板），不允许使用气焊对连接板及轨道连接孔随意扩大。

六、维护保养禁忌

（1）进行维护保养作业时，严禁不关闭发动机或切断电源，更不能在设备运转过程中进行维护保养作业，作业区域必须设置监护人员。

（2）禁止不按说明书规定选用正确的润滑脂、润滑油和不按正确的方法进行润滑。

七、高强螺栓使用禁忌

（1）使用高强螺栓连接时，必须保证各螺栓的预紧力达到规定数值，禁止超紧或欠紧。

（2）高强螺栓连接副的螺栓、螺母、垫圈均不得重复使用。

（3）禁止在高强螺栓连接中使用普通垫圈、弹簧垫圈或不使用垫圈。

八、吊钩使用禁忌

吊钩发生扭曲或开口超过规定值必须立即更换，禁止整形或焊补。

九、行走式起重机大车行走使用禁忌

为防止造成电缆过快磨损或被钩挂、拉断，禁止行走式起重机大车行走动力电缆线拖地行走。

第二节　主要类型起重机械操作禁忌

一、汽车（轮胎）起重机安全操作禁忌

（1）严禁各操作手柄不在中位时进行启动和熄火操作。

（2）钢丝绳倍率更换严禁绕乱；严禁不装绳套上限位销和卡子；严禁绳头散开。

（3）起重作业过程中，尽可能采用最短臂架和最小幅度。

（4）支腿操作禁忌。

1）禁止在全部支腿未撑好的情况下，操作起重机各机构作业（除非说明书有明确规定）。

2）禁止在起重机未调平时，操作起重机各机构作业。

3）禁止在水平支腿没有完全伸出（或半伸到位）的情况下，伸出垂直支腿；反之，禁止垂直支腿完全缩回前，操作回收水平支腿。

4）禁止只在起重机作业的一侧支撑支腿，而另一侧不支支腿的情况下进行起重作业。

5）所有支腿的支撑平面都应平坦、坚实、可靠，并能保证支撑后整车水平；如遇松软或倾斜地面时，必须垫平压实，或使用与地面相适应的垫木或钢板垫平，确保在起重机作业中不下陷。

6）禁止在未经过加固的管道上架设支腿；在沟道、地坑边缘支撑起重机，支撑点与沟坑边缘支撑起重机，支撑点与沟坑边缘距离必须符合规定要求。

7）禁止在承载力不同的地面上未采取相应措施支撑起重机。

8）必须将所有车轮支离地面。

（5）变幅操作禁忌。

1）禁止臂杆进入危险角度范围。

2）起吊负载较大时臂杆只能收幅，禁止增大幅度。

3）开始和停止变幅动作时，禁止快速搬动变幅手柄。

（6）起重臂伸缩操作禁忌。

1）禁止带载进行起重臂伸缩操作，说明书有明确规定的除外。

2）在进行副臂安装、变换倍率等工作时，起重臂必须收回到全缩状态。

3）起重臂杆头部与高压线必须保证规定的安全距离。

4）主臂伸缩的同时，必须操纵起升机构调整吊钩高度，避免顶钩。

（7）回转操作禁忌。

1）禁止在重物未离开地面或者起升高度未越过回转范围内较低障碍物时进行回转操作。

2）吊重回转时禁止猛拉猛推回转操作手柄或打急反车。

3）吊重回转时禁止从人员上方通过。

4）开始回转前，必须检查自由/锁紧回转按钮位置；不进行回转操作时，必须使回转制动器处于制动状态；禁止在转台静止前变换自由/锁紧回转选择开关手柄位置。

（8）起升操作禁忌。

1）卷筒上钢丝绳不得少于 3 圈，尤其是在起吊起重机支撑水平面以下的重物时。

2）禁止带载进行重力快放动作。

3）禁止猛烈扳动起升机构操纵杆。

4）行驶时起升机构操纵杆必须锁住。

（9）不用支腿作业禁忌。

1）轮胎充气必须达到额定数值压力。

2）带载移动时，地面必须坚实平整，禁止突然启动或停车，移动过程中必须缓慢行驶，不得换挡。

3）不用支腿或带载移动时吊重必须在规定的范围内，严禁超载。

二、履带起重机安全操作禁忌

（1）禁止起重、变幅、行走操纵杆或按钮不在中立位置，起重离合器（取力器）不在解除状态下启动发动机。

（2）禁止在一切操作之前或操作时，不检查起重机的水平位置。

（3）地基禁忌。

1）必须置于坚实的水平地面上。

2）禁止起重机两侧履带地面承载力不同。

3）所有塔式工况和较短起重机臂接近或达到额定负荷的工况必须在履带下铺设路基板。

（4）行走禁忌。

1）履带起重机行走时，地面支承力必须满足说明书的要求。

2）前后、左右倾斜度严禁超说明书规定。

3）较长距离行走时，行走驱动装置必须位于后方。

4）严禁行走时吊钩、吊索具、重物等距离起重机过近，防止起、制动或晃动时撞击起重臂；尤其空钩行走时，吊钩晃动更大，严禁吊钩起升过高。

5）禁止塔式工况带载行走。

6）主臂工况带载行走，确保负荷不超过说明书的规定，并且只允许低速行驶，吊重尽量接近地面，吊重必须位于起重机正前方。

（5）变幅操作禁忌。

1）禁止臂杆进入危险角度范围。

2）起吊负载较大时臂杆只能收幅，禁止增大幅度。

3）开始和停止变幅动作时，严禁快速扳动变幅手柄。

4）变幅操作前必须确认解除变幅锁爪。

（6）回转操作禁忌。

1）禁止上车回转时用反向动作实现制动。

2）吊重回转时禁止猛拉猛推回转操作手柄或打急反车，必须缓慢。

3）非工作状态下应打开回转机构连锁，保证起重臂能够自由回转，回转范围内禁止有障碍物。

（7）起升操作禁忌。

1）禁止货物长时间停留在空中，特殊情况需要在空中停留时，必须踏下制动踏板辅助制动。

2）在重物起吊过程中，严密注意重物的升降，严防吊钩到达顶点或重物与起重臂相撞。

3）禁止重物悬在空中时，操作人员离开司机室。

4）起吊达到额定起重量的重物时，应先吊离地面 200～500mm，检查并确认起重机的稳定性、制动器的可靠性和绑扎牢固后，才能继续起吊。

5）起吊最大额定起重量时，以缓慢的速度进行，并禁止同时进行两种动作。

（8）履带伸缩（宽度调整）禁忌。

1）禁止起吊重物时进行履带伸缩调整操作。

2）禁止在超过基本起重臂长度工况下进行履带伸缩调整操作。

（9）安装与拆卸作业禁忌。

1）禁止不按照操作手册和安装图纸上的说明安装臂架的各段（有些中间规格不同，但无法从吊臂的外形尺寸上加以区别，必须通过臂架上标记或标牌加以区别）。

2）禁止不按照规定质量及顺序加挂配重。

3）在进行臂杆悬空安装时，禁止悬空臂杆超过最大许可长度。

4）严禁扳起/放到过程不严格按照操作手册、技术措施等规定的该工况操作顺序、要求、注意事项等操作。

三、塔式起重机安全操作禁忌

（1）液压顶升禁忌。

1）超过4级风，禁止进行顶升作业。

2）平衡阀及溢流阀不能随意调整，避免造成快速下滑或压力异常。

3）顶升作业中禁止吊臂回转。

4）顶升过程中必须保证活塞扁担梁可靠放入标准节支板槽，并且接触可靠。

5）顶升作业必须保证一个循环所有工作必须全部完成，禁止中途停止作业。

6）顶升作业中发现油压异常升高，应立即停止顶升，查明原因并排除后方可继续顶升。

（2）同一区域两台塔式起重机禁忌。

1）禁止处于低位塔式起重机起重臂端部与处于高位塔式起重机塔身之间的水平距离小于2m。

2）禁止处于低位塔式起重机最高位置部件与处于高位塔式起重机最低位置部件间的垂直距离小于2m。

3）禁止同一轨道安装的两台塔式起重机运行时，起重臂端部最小水平距离小于2m。

（3）起升机构操作禁忌。

1）起吊重物时，禁止越挡操作，每挡停顿时间不足3s。

2）起升时禁止连续使用低速挡。

3）不能过多连续使用点动。

（4）回转机构操作禁忌。

1）禁止越挡操作，必须逐渐加速或减速。

2）禁止利用回转摆动载荷达到将载荷放置到超幅度位置。

3）禁止随意拆除臂架标牌，保证臂架迎风面积大于平衡臂。

4）禁止回转塔式起重机使用中，其尾部与建筑物或设施之间的距离小于500mm。

（5）动臂变幅机构操作禁忌。非工作状态必须将臂架放到最大幅度；不允许在达到额定起重力矩情况下增幅。

（6）大车行走机构操作禁忌。

1）大车行走禁止紧急停车制动。

2）禁止利用轨道端部止挡或大车行程限位开关实现大车行走制动。

3）地基塌险、轨道变形或顶面坡度过大超过标准，禁止大车行走。

4）非工作状态必须卡好夹轨器。

（7）紧急停车装置或断电按钮严禁用于正常停车操作；严禁使用限位器或限位开关作为正常停机装置。

（8）采用紧急停车装置或断电按钮停机后，严禁立即进行复位操作，必须等到意外停机引起的震荡停止以后。

（9）严禁采用打反车操作达到停止某一运动的目的。

（10）严禁安装或拆卸过程中，不按规定程序安装/拆卸臂杆各节、平衡臂各节、配重及卷扬机等。

四、桥式起重机安全操作禁忌

（1）禁止所有人员离开起吊作业区前起吊或运输货物。

（2）严禁超载，超载可能由重物摆动、震颤等引起，因此操作必须平稳。

（3）同一轨道上运行的两台起重机必须有可靠的防止相互撞击的措施，严禁两台起重机相互剧烈撞击。

（4）严禁起重机大车及起重机小车与轨道端部止挡撞击。

（5）严禁把限位开关用作操作止动器。

（6）严禁同时起升或下降大、小钩。

（7）制动器：严禁起升、行走、小车制动器闸皮磨损出铆钉；严禁制动器无补偿行程后继续使用。

（8）必须保证起升、下落或运输货物时使其与附近的障碍物之间留有足够的安全距离。

（9）在起重钢丝绳没有拉紧前，禁止快速起钩，必须慢慢提起松垂部分；货物离地前应充分调整大车及起重小车位置，保证货物的垂直起吊。

（10）吊运危险物品和所吊物接近额定载荷时，吊运前应检查制动器、起升150～200mm 作静止制动，如可靠再升至离地 500mm 作降落动态制动，确认制动性能可靠再平稳起吊。

（11）易燃易爆场所使用的起重机，严禁使用非防爆型的普通起重机，必须使用经过防爆试验合格，并且与使用场所的防爆等级相匹配的防爆起重机。

（12）有毒、危险、贵重物品所使用的起重机，必须使用有断轴保护及能够单独制动的双制动器、断绳保护、双起升及运行极限位置保护、超速保护、地震保护装置。

（13）禁止使用普通起重机作为冶金起重机吊运高位或溶化金属包。

五、门式起重机安全操作禁忌

（1）起重机行走时不得频繁刹车，以免吊车引起颤动。

（2）开动控制器时，必须按顺序由低速到高速平稳提速。起重机的移动与吊钩的起升不得同时进行。

（3）禁止斜拉重物或用起升卷扬机来校直弯曲构件；禁止利用移动大车来拖动未离地面重物。

（4）禁止超负荷起吊及斜拉和斜吊。

（5）起重机在正常运转过程中，禁止使用紧急开关、限位开关、打反车等手段停车。

（6）禁止同时起升或下降大、小钩。

（7）制动器：严禁起升、行走、小车制动器闸皮磨损出铆钉；严禁制动器无补偿行程后继续使用。

（8）起重机作业过程中，禁止进行修理保养作业。

（9）禁止起重机吊重物在空中长时间停留；起重机吊重物时操作工及司索指挥人员不得离开工作岗位。

（10）起重机工作时，禁止任何人滞留在门架、桥架、平台、大车轨道上。

（11）检查、检修、维护保养期间，起重机必须断电，并有人监护。

（12）起重机带载运行时重物与下部与两侧的障碍物必须保持安全距离，以免碰撞。

（13）开车前必须确认打开夹轨器、移开铁鞋及其他固定或锁定装置。

（14）安装与拆卸作业禁忌。

1）禁止在桥架与支腿螺栓或销子可靠连接前安装用起重机卸载。

2）禁止在确认桥架与支腿连接螺栓、销子全部拆除（或焊接连接全部彻底割除）前吊桥桥架。

3）当拆除或安装作业需要行走支腿时，禁止在行走过程中，新设缆风绳可靠拉设前，拆除原有缆风绳。

4）禁止到三角桥架落地后不采取可靠的防倾斜措施。

六、吊篮、龙门架与井架安全操作禁忌

（1）禁止吊篮的上极限限位与天梁距离小于 3m，限位器动作不灵敏。

（2）禁止断绳保险装置失效后继续使用。

（3）禁止卸料平台无防护栏杆（门）或防护不严。

（4）禁止吊盘上不设安全门。

（5）禁止上料口处不搭设防护棚。

（6）禁止控制电源处无紧急断电开关。

（7）禁止卷扬机的卷筒上不设防止钢丝绳脱出的防护装置或损坏不及时修理。

（8）禁止用粗钢丝绳、钢筋或麻绳代替钢丝绳作缆风绳。

（9）禁止缆风绳不设置地锚及随意绑扎。

（10）禁止提升机的附墙架不经过计算随意设置。

（11）因不采取用拖轮架空传动，拖地滑行会加速钢丝绳的磨损，禁止提升钢丝绳拖地滑行。

（12）禁止提升机基础底盘采用膨胀螺栓固定，基础必须进行设计，底盘固定螺栓应采用预埋螺栓方式。

（13）禁止人员乘物料提升吊篮上下。

（14）作业结束，应将吊篮放至地面，禁止停放在空中。

七、施工升降机安全操作禁忌

（1）禁止超载使用、偏载运行、人货混装。

（2）禁止压迫操作联锁开关和开门运行。

（3）禁止用行程限位开关自动碰撞的方法停机。

（4）风力达到 6 级以上时必须停止使用，并将吊笼降到底层。

（5）禁止各限位装置、吊笼进出门、防护围护门等联锁装置失灵或不灵活的情况下继续使用禁止限位碰块移位。

（6）吊笼运行通道周围建筑或突出物，必须保证与吊笼有大于 250mm 的安全距离。

（7）防坠安全器必须经过试验，确保动作可靠。

（8）各部螺栓不得松动，滚轮、背轮调整间隙及齿轮齿条吻合间隙必须正常，符合要求。

（9）禁止所装载货物伸到吊笼外。

八、液压提升装置安全操作禁忌

（1）禁止卡爪使用次数超过使用说明书规定；卡爪与钢索结合面磨损严重或断裂必须更换；必须在卡爪完全卸载的状态下，才能打开卡爪进行更换。

（2）禁止钢索使用次数超过使用说明书规定；禁止钢索通过滑轮或在任何弯曲状态下受力；钢索在自然状态下有弯折时禁止使用；负荷较小减少钢索数量时必须在对称位置同时减少，保证液压缸不承受偏心力矩；禁止在钢索表面涂抹润滑脂。

（3）必须保证每根钢索在液压缸上的位置与下锚孔一一对应，禁止钢索错位、中间交叉、扭转。

（4）钢索必须预紧，禁止每个千斤顶上的钢索受力不均（预紧力不同）。

（5）禁止安全保护作用的溢流阀、电接点压力表等不灵敏或失效。

（6）禁止两种不同牌号的液压油混合使用。

（7）起吊过程中禁止过压及液压缸横梁倾斜。

第三节　起重机械常见事故原因及预防措施

一、起重机械在施工中常见事故

1. 挤压碰撞

挤压碰撞是指作业人员被运行中的起重机械挤压碰撞。在起重机械作业中很常见的伤亡事故，其危险性很大，后果很严重，往往也会导致人员死亡。

起重机械作业中挤压碰撞人主要有以下几种情况：

（1）吊物在起重机械运行过程中摆动挤压碰撞人。主要原因：① 由于司机操作不当，运行中机构速度变化过快，使吊物产生较大的惯性；② 由于指挥有误，吊运路线不合理，致使吊物在剧烈摆动中挤压碰撞人。

（2）吊物摆放不稳定发生倾倒砸碰人。原因：① 由于吊物放置方式不当，对重大吊物放置不稳没有采取必要的安全防护措施；② 由于吊运作业现场管理不善。

（3）在指挥或检修流动式起重机作业中被挤压碰撞，即作为人员在起重机械运行机构与回转机构之间，受到运行中的起重机械的挤压碰撞。原因：① 由于指挥作业人员站位不当；② 由于检修作业中没有采取必要的安全防护措施。

（4）在巡回检查或维修桥式起重机作业中被挤压碰撞，即作业人员在起重机械与建筑物之间，受到运行中起重机械的挤压碰撞。主要原因：① 由于巡检人员或维修人员与司机缺乏相互联系；② 由于检修作业中没有采取必要的安全防护措施。

2. 触电

触电是指起重机械作业中作业人员触及带电体而发生触电。起重机械作业大部分处在有电的作业环境中，触电伤亡事故也是发生在起重机械作业中常见的伤亡事故。

主要有以下几种情况：

（1）司机触碰滑触线。当起重机械司机室设置在滑触线同侧，司机在上下起重机触碰滑线而触电。主要原因：① 由于司机室位置不合理；② 由于起重机在靠近滑线端侧没有设置防护板，致使司机触电。

（2）触及高压输电线。主要原因：① 由于起重机械在高压电线下作业没有采取必要的安全防护措施；② 由于指挥不当，操作有误，致使起重机带电，导致操作人员触电。

（3）电气设施漏电。主要原因：① 由于起重机械电气设施不及时，发生漏电；② 由于司机室没有设置安全防护绝缘垫板，致使司机因漏电而触电。

（4）起升钢绳触碰滑线。主要原因：① 由于吊运方法不当歪拉斜吊违反安全规程；② 由于起重机械靠近触线端侧没有设置滑触线而带电，导致作业人员触电。

3. 坠落伤人

坠落伤人包括起重机械作业人员从起重机械上坠落和吊物坠落砸人。

（1）从起重机上坠落伤人主要发生在起重机械安装、维修作业中。包括以下几种情况：

1）检修吊笼坠落的主要原因：① 由于检修吊笼设计结构不合理（如高度不够，材质选用不符合要求等）；② 由于检修人员操作不当；③ 由于检修作业人员没有采取必要的安全防护措施致使检修吊笼与检修作业人员一起坠落。

2）跨越起重机时坠落。主要原因：① 由于检修作业人员没有采取必要的安全措施；② 由于作业人员麻痹大意，违章作业，致使发生高处坠落。

3）安装或拆卸可升降塔身式起重机塔身作业中，塔身连同作业人员坠落。主要原因：① 由于塔身设计结构不合理；② 由于拆卸方法不当，作业人员与指挥配合有误，致使塔身连同作业人员一起坠落。

（2）吊物坠落砸人是指吊物或吊具从高处坠落砸向作业人员与其他人员。这是在起重机械作业中带有普遍性的伤亡事故，其危险性极大，后果非常严重，往往导致人员伤亡。

1）捆绑挂掉方法不当。① 由于钢丝绳间夹角过大，无平衡梁；② 由于吊运带棱角的吊物未加防护板。

2）吊索具缺陷。① 由于起升机构钢丝绳折断，致使吊物坠落；② 钓钩有缺陷。

3）超负荷。① 作业人员对吊物的质量不清楚，贸然盲目起吊；② 由于歪拉斜吊发生超负荷而拉断吊索具。

4）过卷扬。主要是由于没有安装上升极限位置限制器或限制器失灵，不能及时切断起升直至卷断起升钢丝绳。

4. 机体倾翻

机体倾翻是指在作业中整台起重机倾翻。

通常发生在从事露天作业的流动式起重机和塔式起重机中。主要有以下三种情况：

（1）被大风刮倒。由于露天作业的起重机夹轨器失灵和露天作业的起重机没有防风锚定装置。

（2）履带式起重机倾翻。由于吊运作业现场不符合要求以及操作方法不当，指挥作业失误等原因致使机体倾翻。

（3）汽车式、轮胎式起重机倾翻。由于吊运作业现场不符合要求、支腿架设不符合要求，操作不当，超负荷等原因。

二、应采取的措施

建立和健全起重机械安全管理岗位责任制，起重机械安全技术档案管理制度；加强培训教育，要对起重机械作业人员进行安全技术培训考核，做到持证上岗作业；实行系统安全管理；强化安全监察。

附录 A　中华人民共和国特种设备安全法

中华人民共和国主席令

第四号

《中华人民共和国特种设备安全法》已由中华人民共和国第十二届全国人民代表大会常务委员会第三次会议于 2013 年 6 月 26 日通过，现予公布，自 2014 年 1 月 1 日起施行。

中华人民共和国主席　习近平

2013 年 6 月 29 日

中华人民共和国特种设备安全法

（2013 年 6 月 29 日第十二届全国人民代表大会常务委员会第三次会议通过）

第一章　总　　则

第一条　为了加强特种设备安全工作，预防特种设备事故，保障人身和财产安全，促进经济社会发展，制定本法。

第二条　特种设备的生产（包括设计、制造、安装、改造、修理）、经营、使用、检验、检测和特种设备安全的监督管理，适用本法。

本法所称特种设备，是指对人身和财产安全有较大危险性的锅炉、压力容器（含气瓶）、压力管道、电梯、起重机械、客运索道、大型游乐设施、场（厂）内专用机动车辆，以及法律、行政法规规定适用本法的其他特种设备。

国家对特种设备实行目录管理。特种设备目录由国务院负责特种设备安全监督管理的部门制定，报国务院批准后执行。

第三条　特种设备安全工作应当坚持安全第一、预防为主、节能环保、综合治理的原则。

第四条　国家对特种设备的生产、经营、使用，实施分类的、全过程的安全监督管理。

第五条　国务院负责特种设备安全监督管理的部门对全国特种设备安全实施

监督管理。县级以上地方各级人民政府负责特种设备安全监督管理的部门对本行政区域内特种设备安全实施监督管理。

第六条 国务院和地方各级人民政府应当加强对特种设备安全工作的领导，督促各有关部门依法履行监督管理职责。

县级以上地方各级人民政府应当建立协调机制，及时协调、解决特种设备安全监督管理中存在的问题。

第七条 特种设备生产、经营、使用单位应当遵守本法和其他有关法律、法规，建立、健全特种设备安全和节能责任制度，加强特种设备安全和节能管理，确保特种设备生产、经营、使用安全，符合节能要求。

第八条 特种设备生产、经营、使用、检验、检测应当遵守有关特种设备安全技术规范及相关标准。

特种设备安全技术规范由国务院负责特种设备安全监督管理的部门制定。

第九条 特种设备行业协会应当加强行业自律，推进行业诚信体系建设，提高特种设备安全管理水平。

第十条 国家支持有关特种设备安全的科学技术研究，鼓励先进技术和先进管理方法的推广应用，对做出突出贡献的单位和个人给予奖励。

第十一条 负责特种设备安全监督管理的部门应当加强特种设备安全宣传教育，普及特种设备安全知识，增强社会公众的特种设备安全意识。

第十二条 任何单位和个人有权向负责特种设备安全监督管理的部门和有关部门举报涉及特种设备安全的违法行为，接到举报的部门应当及时处理。

第二章 生产、经营、使用

第一节 一 般 规 定

第十三条 特种设备生产、经营、使用单位及其主要负责人对其生产、经营、使用的特种设备安全负责。

特种设备生产、经营、使用单位应当按照国家有关规定配备特种设备安全管理人员、检测人员和作业人员，并对其进行必要的安全教育和技能培训。

第十四条 特种设备安全管理人员、检测人员和作业人员应当按照国家有关规定取得相应资格，方可从事相关工作。特种设备安全管理人员、检测人员和作业人员应当严格执行安全技术规范和管理制度，保证特种设备安全。

第十五条 特种设备生产、经营、使用单位对其生产、经营、使用的特种设备应当进行自行检测和维护保养，对国家规定实行检验的特种设备应当及时申报并接受检验。

第十六条 特种设备采用新材料、新技术、新工艺，与安全技术规范的要求不一致，或者安全技术规范未作要求、可能对安全性能有重大影响的，应当向国务院负责特种设备安全监督管理的部门申报，由国务院负责特种设备安全监督管理的部门及时委托安全技术咨询机构或者相关专业机构进行技术评审，评审结果经国务院负责特种设备安全监督管理的部门批准，方可投入生产、使用。

国务院负责特种设备安全监督管理的部门应当将允许使用的新材料、新技术、新工艺的有关技术要求，及时纳入安全技术规范。

第十七条 国家鼓励投保特种设备安全责任保险。

第二节 生 产

第十八条 国家按照分类监督管理的原则对特种设备生产实行许可制度。特种设备生产单位应当具备下列条件，并经负责特种设备安全监督管理的部门许可，方可从事生产活动：

（一）有与生产相适应的专业技术人员。

（二）有与生产相适应的设备、设施和工作场所。

（三）有健全的质量保证、安全管理和岗位责任等制度。

第十九条 特种设备生产单位应当保证特种设备生产符合安全技术规范及相关标准的要求，对其生产的特种设备的安全性能负责。不得生产不符合安全性能要求和能效指标以及国家明令淘汰的特种设备。

第二十条 锅炉、气瓶、氧舱、客运索道、大型游乐设施的设计文件，应当经负责特种设备安全监督管理的部门核准的检验机构鉴定，方可用于制造。

特种设备产品、部件或者试制的特种设备新产品、新部件以及特种设备采用的新材料，按照安全技术规范的要求需要通过型式试验进行安全性验证的，应当经负责特种设备安全监督管理的部门核准的检验机构进行型式试验。

第二十一条 特种设备出厂时，应当随附安全技术规范要求的设计文件、产品质量合格证明、安装及使用维护保养说明、监督检验证明等相关技术资料和文件，并在特种设备显著位置设置产品铭牌、安全警示标志及其说明。

第二十二条 电梯的安装、改造、修理，必须由电梯制造单位或者其委托的依照本法取得相应许可的单位进行。电梯制造单位委托其他单位进行电梯安装、改造、修理的，应当对其安装、改造、修理进行安全指导和监控，并按照安全技术规范的要求进行校验和调试。电梯制造单位对电梯安全性能负责。

　　第二十三条　特种设备安装、改造、修理的施工单位应当在施工前将拟进行的特种设备安装、改造、修理情况书面告知直辖市或者设区的市级人民政府负责特种设备安全监督管理的部门。

　　第二十四条　特种设备安装、改造、修理竣工后，安装、改造、修理的施工单位应当在验收后三十日内将相关技术资料和文件移交特种设备使用单位。特种设备使用单位应当将其存入该特种设备的安全技术档案。

　　第二十五条　锅炉、压力容器、压力管道元件等特种设备的制造过程和锅炉、压力容器、压力管道、电梯、起重机械、客运索道、大型游乐设施的安装、改造、重大修理过程，应当经特种设备检验机构按照安全技术规范的要求进行监督检验；未经监督检验或者监督检验不合格的，不得出厂或者交付使用。

　　第二十六条　国家建立缺陷特种设备召回制度。因生产原因造成特种设备存在危及安全的同一性缺陷的，特种设备生产单位应当立即停止生产，主动召回。

　　国务院负责特种设备安全监督管理的部门发现特种设备存在应当召回而未召回的情形时，应当责令特种设备生产单位召回。

第三节　经　　营

　　第二十七条　特种设备销售单位销售的特种设备，应当符合安全技术规范及相关标准的要求，其设计文件、产品质量合格证明、安装及使用维护保养说明、监督检验证明等相关技术资料和文件应当齐全。

　　特种设备销售单位应当建立特种设备检查验收和销售记录制度。

　　禁止销售未取得许可生产的特种设备，未经检验和检验不合格的特种设备，或者国家明令淘汰和已经报废的特种设备。

　　第二十八条　特种设备出租单位不得出租未取得许可生产的特种设备或者国家明令淘汰和已经报废的特种设备，以及未按照安全技术规范的要求进行维护保养和未经检验或者检验不合格的特种设备。

　　第二十九条　特种设备在出租期间的使用管理和维护保养义务由特种设备出租单位承担，法律另有规定或者当事人另有约定的除外。

　　第三十条　进口的特种设备应当符合我国安全技术规范的要求，并经检验合格；需要取得我国特种设备生产许可的，应当取得许可。

　　进口特种设备随附的技术资料和文件应当符合本法第二十一条的规定，其安装及使用维护保养说明、产品铭牌、安全警示标志及其说明应当采用中文。

特种设备的进出口检验，应当遵守有关进出口商品检验的法律、行政法规。

第三十一条　进口特种设备，应当向进口地负责特种设备安全监督管理的部门履行提前告知义务。

第四节　使　用

第三十二条　特种设备使用单位应当使用取得许可生产并经检验合格的特种设备。

禁止使用国家明令淘汰和已经报废的特种设备。

第三十三条　特种设备使用单位应当在特种设备投入使用前或者投入使用后三十日内，向负责特种设备安全监督管理的部门办理使用登记，取得使用登记证书。登记标志应当置于该特种设备的显著位置。

第三十四条　特种设备使用单位应当建立岗位责任、隐患治理、应急救援等安全管理制度，制定操作规程，保证特种设备安全运行。

第三十五条　特种设备使用单位应当建立特种设备安全技术档案。安全技术档案应当包括以下内容：

（一）特种设备的设计文件、产品质量合格证明、安装及使用维护保养说明、监督检验证明等相关技术资料和文件；

（二）特种设备的定期检验和定期自行检查记录；

（三）特种设备的日常使用状况记录；

（四）特种设备及其附属仪器仪表的维护保养记录；

（五）特种设备的运行故障和事故记录。

第三十六条　电梯、客运索道、大型游乐设施等为公众提供服务的特种设备的运营使用单位，应当对特种设备的使用安全负责，设置特种设备安全管理机构或者配备专职的特种设备安全管理人员；其他特种设备使用单位，应当根据情况设置特种设备安全管理机构或者配备专职、兼职的特种设备安全管理人员。

第三十七条　特种设备的使用应当具有规定的安全距离、安全防护措施。

与特种设备安全相关的建筑物、附属设施，应当符合有关法律、行政法规的规定。

第三十八条　特种设备属于共有的，共有人可以委托物业服务单位或者其他管理人管理特种设备，受托人履行本法规定的特种设备使用单位的义务，承担相应责任。共有人未委托的，由共有人或者实际管理人履行管理义务，承担相应的责任。

第三十九条 特种设备使用单位应当对其使用的特种设备进行经常性的维护保养和定期自行检查，并做出记录。

特种设备使用单位应当对其使用的特种设备的安全附件、安全保护装置进行定期校验、检修，并做出记录。

第四十条 特种设备使用单位应当按照安全技术规范的要求，在检验合格有效期届满前一个月向特种设备检验机构提出定期检验要求。

特种设备检验机构接到定期检验要求后，应当按照安全技术规范的要求及时进行安全性能检验。特种设备使用单位应当将定期检验标志置于该特种设备的显著位置。

未经定期检验或者检验不合格的特种设备，不得继续使用。

第四十一条 特种设备安全管理人员应当对特种设备使用状况进行经常性检查，发现问题应当立即处理；情况紧急时，可以决定停止使用特种设备并及时报告本单位有关负责人。

特种设备作业人员在作业过程中发现事故隐患或者其他不安全因素，应当立即向特种设备安全管理人员和单位有关负责人报告；特种设备运行不正常时，特种设备作业人员应当按照操作规程采取有效措施保证安全。

第四十二条 特种设备出现故障或者发生异常情况，特种设备使用单位应当对其进行全面检查，消除事故隐患，方可继续使用。

第四十三条 客运索道、大型游乐设施在每日投入使用前，其运营使用单位应当进行试运行和例行安全检查，并对安全附件和安全保护装置进行检查确认。

电梯、客运索道、大型游乐设施的运营使用单位应当将电梯、客运索道、大型游乐设施的安全使用说明、安全注意事项和警示标志置于易于为乘客注意的显著位置。

公众乘坐或者操作电梯、客运索道、大型游乐设施，应当遵守安全使用说明和安全注意事项的要求，服从有关工作人员的管理和指挥；遇有运行不正常时，应当按照安全指引，有序撤离。

第四十四条 锅炉使用单位应当按照安全技术规范的要求进行锅炉水（介）质处理，并接受特种设备检验机构的定期检验。

从事锅炉清洗，应当按照安全技术规范的要求进行，并接受特种设备检验机构的监督检验。

第四十五条 电梯的维护保养应当由电梯制造单位或者依照本法取得许可的安装、改造、修理单位进行。

电梯的维护保养单位应当在维护保养中严格执行安全技术规范的要求，保证其维护保养的电梯的安全性能，并负责落实现场安全防护措施，保证施工安全。

电梯的维护保养单位应当对其维护保养的电梯的安全性能负责；接到故障通知后，应当立即赶赴现场，并采取必要的应急救援措施。

第四十六条　电梯投入使用后，电梯制造单位应当对其制造的电梯的安全运行情况进行跟踪调查和了解，对电梯的维护保养单位或者使用单位在维护保养和安全运行方面存在的问题，提出改进建议，并提供必要的技术帮助；发现电梯存在严重事故隐患时，应当及时告知电梯使用单位，并向负责特种设备安全监督管理的部门报告。电梯制造单位对调查和了解的情况，应当做出记录。

第四十七条　特种设备进行改造、修理，按照规定需要变更使用登记的，应当办理变更登记，方可继续使用。

第四十八条　特种设备存在严重事故隐患，无改造、修理价值，或者达到安全技术规范规定的其他报废条件的，特种设备使用单位应当依法履行报废义务，采取必要措施消除该特种设备的使用功能，并向原登记的负责特种设备安全监督管理的部门办理使用登记证书注销手续。

前款规定报废条件以外的特种设备，达到设计使用年限可以继续使用的，应当按照安全技术规范的要求通过检验或者安全评估，并办理使用登记证书变更，方可继续使用。允许继续使用的，应当采取加强检验、检测和维护保养等措施，确保使用安全。

第四十九条　移动式压力容器、气瓶充装单位，应当具备下列条件，并经负责特种设备安全监督管理的部门许可，方可从事充装活动：

（一）有与充装和管理相适应的管理人员和技术人员。

（二）有与充装和管理相适应的充装设备、检测手段、场地厂房、器具、安全设施。

（三）有健全的充装管理制度、责任制度、处理措施。

充装单位应当建立充装前后的检查、记录制度，禁止对不符合安全技术规范要求的移动式压力容器和气瓶进行充装。

气瓶充装单位应当向气体使用者提供符合安全技术规范要求的气瓶，对气体使用者进行气瓶安全使用指导，并按照安全技术规范的要求办理气瓶使用登记，及时申报定期检验。

第三章　检　验、检　测

第五十条　从事本法规定的监督检验、定期检验的特种设备检验机构，以及为特种设备生产、经营、使用提供检测服务的特种设备检测机构，应当具备下列条件，并经负责特种设备安全监督管理的部门核准，方可从事检验、检测工作：

（一）有与检验、检测工作相适应的检验、检测人员。

（二）有与检验、检测工作相适应的检验、检测仪器和设备。

（三）有健全的检验、检测管理制度和责任制度。

第五十一条 特种设备检验、检测机构的检验、检测人员应当经考核，取得检验、检测人员资格，方可从事检验、检测工作。

特种设备检验、检测机构的检验、检测人员不得同时在两个以上检验、检测机构中执业；变更执业机构的，应当依法办理变更手续。

第五十二条 特种设备检验、检测工作应当遵守法律、行政法规的规定，并按照安全技术规范的要求进行。

特种设备检验、检测机构及其检验、检测人员应当依法为特种设备生产、经营、使用单位提供安全、可靠、便捷、诚信的检验、检测服务。

第五十三条 特种设备检验、检测机构及其检验、检测人员应当客观、公正、及时地出具检验、检测报告，并对检验、检测结果和鉴定结论负责。

特种设备检验、检测机构及其检验、检测人员在检验、检测中发现特种设备存在严重事故隐患时，应当及时告知相关单位，并立即向负责特种设备安全监督管理的部门报告。

负责特种设备安全监督管理的部门应当组织对特种设备检验、检测机构的检验、检测结果和鉴定结论进行监督抽查，但应当防止重复抽查。监督抽查结果应当向社会公布。

第五十四条 特种设备生产、经营、使用单位应当按照安全技术规范的要求向特种设备检验、检测机构及其检验、检测人员提供特种设备相关资料和必要的检验、检测条件，并对资料的真实性负责。

第五十五条 特种设备检验、检测机构及其检验、检测人员对检验、检测过程中知悉的商业秘密，负有保密义务。

特种设备检验、检测机构及其检验、检测人员不得从事有关特种设备的生产、经营活动，不得推荐或者监制、监销特种设备。

第五十六条 特种设备检验机构及其检验人员利用检验工作故意刁难特种设备生产、经营、使用单位的，特种设备生产、经营、使用单位有权向负责特种设备安全监督管理的部门投诉，接到投诉的部门应当及时进行调查处理。

第四章　监　督　管　理

第五十七条　负责特种设备安全监督管理的部门依照本法规定，对特种设备生产、经营、使用单位和检验、检测机构实施监督检查。

负责特种设备安全监督管理的部门应当对学校、幼儿园以及医院、车站、客运码头、商场、体育场馆、展览馆、公园等公众聚集场所的特种设备，实施重点安全监督检查。

第五十八条　负责特种设备安全监督管理的部门实施本法规定的许可工作，应当依照本法和其他有关法律、行政法规规定的条件和程序以及安全技术规范的要求进行审查；不符合规定的，不得许可。

第五十九条　负责特种设备安全监督管理的部门在办理本法规定的许可时，其受理、审查、许可的程序必须公开，并应当自受理申请之日起三十日内，做出许可或者不予许可的决定；不予许可的，应当书面向申请人说明理由。

第六十条　负责特种设备安全监督管理的部门对依法办理使用登记的特种设备应当建立完整的监督管理档案和信息查询系统；对达到报废条件的特种设备，应当及时督促特种设备使用单位依法履行报废义务。

第六十一条　负责特种设备安全监督管理的部门在依法履行监督检查职责时，可以行使下列职权：

（一）进入现场进行检查，向特种设备生产、经营、使用单位和检验、检测机构的主要负责人和其他有关人员调查、了解有关情况。

（二）根据举报或者取得的涉嫌违法证据，查阅、复制特种设备生产、经营、使用单位和检验、检测机构的有关合同、发票、账簿以及其他有关资料。

（三）对有证据表明不符合安全技术规范要求或者存在严重事故隐患的特种设备实施查封、扣押。

（四）对流入市场的达到报废条件或者已经报废的特种设备实施查封、扣押。

（五）对违反本法规定的行为作出行政处罚决定。

第六十二条　负责特种设备安全监督管理的部门在依法履行职责过程中，发现违反本法规定和安全技术规范要求的行为或者特种设备存在事故隐患时，应当以书面形式发出特种设备安全监察指令，责令有关单位及时采取措施予以改正或者消除事故隐患。紧急情况下要求有关单位采取紧急处置措施的，应当随后补发特种设备安全监察指令。

第六十三条　负责特种设备安全监督管理的部门在依法履行职责过程中，发现重大违法行为或者特种设备存在严重事故隐患时，应当责令有关单位立即停止违法行为、采取措施消除事故隐患，并及时向上级负责特种设备安全监督管理的部门报告。接到报告的负责特种设备安全监督管理的部门应当采取必要措施，及时予以处理。

对违法行为、严重事故隐患的处理需要当地人民政府和有关部门的支持、配合时，负责特种设备安全监督管理的部门应当报告当地人民政府，并通知其他有关部门。当地人民政府和其他有关部门应当采取必要措施，及时予以处理。

第六十四条 地方各级人民政府负责特种设备安全监督管理的部门不得要求已经依照本法规定在其他地方取得许可的特种设备生产单位重复取得许可，不得要求对已经依照本法规定在其他地方检验合格的特种设备重复进行检验。

第六十五条 负责特种设备安全监督管理的部门的安全监察人员应当熟悉相关法律、法规，具有相应的专业知识和工作经验，取得特种设备安全行政执法证件。

特种设备安全监察人员应当忠于职守、坚持原则、秉公执法。

负责特种设备安全监督管理的部门实施安全监督检查时，应当有两名以上特种设备安全监察人员参加，并出示有效的特种设备安全行政执法证件。

第六十六条 负责特种设备安全监督管理的部门对特种设备生产、经营、使用单位和检验、检测机构实施监督检查，应当对每次监督检查的内容、发现的问题及处理情况做出记录，并由参加监督检查的特种设备安全监察人员和被检查单位的有关负责人签字后归档。被检查单位的有关负责人拒绝签字的，特种设备安全监察人员应当将情况记录在案。

第六十七条 负责特种设备安全监督管理的部门及其工作人员不得推荐或者监制、监销特种设备；对履行职责过程中知悉的商业秘密负有保密义务。

第六十八条 国务院负责特种设备安全监督管理的部门和省、自治区、直辖市人民政府负责特种设备安全监督管理的部门应当定期向社会公布特种设备安全总体状况。

第五章 事故应急救援与调查处理

第六十九条 国务院负责特种设备安全监督管理的部门应当依法组织制定特种设备重特大事故应急预案，报国务院批准后纳入国家突发事件应急预案体系。

县级以上地方各级人民政府及其负责特种设备安全监督管理的部门应当依法组织制定本行政区域内特种设备事故应急预案，建立或者纳入相应的应急处置与救援体系。

特种设备使用单位应当制定特种设备事故应急专项预案，并定期进行应急演练。

第七十条　特种设备发生事故后，事故发生单位应当按照应急预案采取措施，组织抢救，防止事故扩大，减少人员伤亡和财产损失，保护事故现场和有关证据，并及时向事故发生地县级以上人民政府负责特种设备安全监督管理的部门和有关部门报告。

县级以上人民政府负责特种设备安全监督管理的部门接到事故报告，应当尽快核实情况，立即向本级人民政府报告，并按照规定逐级上报。必要时，负责特种设备安全监督管理的部门可以越级上报事故情况。对特别重大事故、重大事故，国务院负责特种设备安全监督管理的部门应当立即报告国务院并通报国务院安全生产监督管理部门等有关部门。

与事故相关的单位和人员不得迟报、谎报或者瞒报事故情况，不得隐匿、毁灭有关证据或者故意破坏事故现场。

第七十一条　事故发生地人民政府接到事故报告，应当依法启动应急预案，采取应急处置措施，组织应急救援。

第七十二条　特种设备发生特别重大事故，由国务院或者国务院授权有关部门组织事故调查组进行调查。

发生重大事故，由国务院负责特种设备安全监督管理的部门会同有关部门组织事故调查组进行调查。

发生较大事故，由省、自治区、直辖市人民政府负责特种设备安全监督管理的部门会同有关部门组织事故调查组进行调查。

发生一般事故，由设区的市级人民政府负责特种设备安全监督管理的部门会同有关部门组织事故调查组进行调查。

事故调查组应当依法、独立、公正开展调查，提出事故调查报告。

第七十三条　组织事故调查的部门应当将事故调查报告给本级人民政府，并报上一级人民政府负责特种设备安全监督管理的部门备案。有关部门和单位应当依照法律、行政法规的规定，追究事故责任单位和人员的责任。

事故责任单位应当依法落实整改措施，预防同类事故发生。事故造成损害的，事故责任单位应当依法承担赔偿责任。

第六章　法　律　责　任

第七十四条　违反本法规定，未经许可从事特种设备生产活动的，责令停止生产，没收违法制造的特种设备，处十万元以上五十万元以下罚款；有违法所得的，没收违法所得；已经实施安装、改造、修理的，责令恢复原状或者责令限期由取得许可的单位重新安装、改造、修理。

第七十五条 违反本法规定，特种设备的设计文件未经鉴定，擅自用于制造的，责令改正，没收违法制造的特种设备，处五万元以上五十万元以下罚款。

第七十六条 违反本法规定，未进行型式试验的，责令限期改正；逾期未改正的，处三万元以上三十万元以下罚款。

第七十七条 违反本法规定，特种设备出厂时，未按照安全技术规范的要求随附相关技术资料和文件的，责令限期改正；逾期未改正的，责令停止制造、销售，处二万元以上二十万元以下罚款；有违法所得的，没收违法所得。

第七十八条 违反本法规定，特种设备安装、改造、修理的施工单位在施工前未书面告知负责特种设备安全监督管理的部门即行施工的，或者在验收后三十日内未将相关技术资料和文件移交特种设备使用单位的，责令限期改正；逾期未改正的，处一万元以上十万元以下罚款。

第七十九条 违反本法规定，特种设备的制造、安装、改造、重大修理以及锅炉清洗过程，未经监督检验的，责令限期改正；逾期未改正的，处五万元以上二十万元以下罚款；有违法所得的，没收违法所得；情节严重的，吊销生产许可证。

第八十条 违反本法规定，电梯制造单位有下列情形之一的，责令限期改正；逾期未改正的，处一万元以上十万元以下罚款：

（一）未按照安全技术规范的要求对电梯进行校验、调试的。

（二）对电梯的安全运行情况进行跟踪调查和了解时，发现存在严重事故隐患，未及时告知电梯使用单位并向负责特种设备安全监督管理的部门报告的。

第八十一条 违反本法规定，特种设备生产单位有下列行为之一的，责令限期改正；逾期未改正的，责令停止生产，处五万元以上五十万元以下罚款；情节严重的，吊销生产许可证：

（一）不再具备生产条件、生产许可证已经过期或者超出许可范围生产的。

（二）明知特种设备存在同一性缺陷，未立即停止生产并召回的。

违反本法规定，特种设备生产单位生产、销售、交付国家明令淘汰的特种设备的，责令停止生产、销售，没收违法生产、销售、交付的特种设备，处三万元以上三十万元以下罚款；有违法所得的，没收违法所得。

特种设备生产单位涂改、倒卖、出租、出借生产许可证的，责令停止生产，处五万元以上五十万元以下罚款；情节严重的，吊销生产许可证。

第八十二条 违反本法规定，特种设备经营单位有下列行为之一的，责令停止经营，没收违法经营的特种设备，处三万元以上三十万元以下罚款；有违法所得的，没收违法所得：

（一）销售、出租未取得许可生产，未经检验或者检验不合格的特种设备的。

（二）销售、出租国家明令淘汰、已经报废的特种设备，或者未按照安全技术规范的要求进行维护保养的特种设备的。

违反本法规定，特种设备销售单位未建立检查验收和销售记录制度，或者进口特种设备未履行提前告知义务的，责令改正，处一万元以上十万元以下罚款。

特种设备生产单位销售、交付未经检验或者检验不合格的特种设备的，依照本条第一款规定处罚；情节严重的，吊销生产许可证。

第八十三条 违反本法规定，特种设备使用单位有下列行为之一的，责令限期改正；逾期未改正的，责令停止使用有关特种设备，处一万元以上十万元以下罚款：

（一）使用特种设备未按照规定办理使用登记的。

（二）未建立特种设备安全技术档案或者安全技术档案不符合规定要求，或者未依法设置使用登记标志、定期检验标志的。

（三）未对其使用的特种设备进行经常性维护保养和定期自行检查，或者未对其使用的特种设备的安全附件、安全保护装置进行定期校验、检修，并做出记录的。

（四）未按照安全技术规范的要求及时申报并接受检验的。

（五）未按照安全技术规范的要求进行锅炉水（介）质处理的。

（六）未制定特种设备事故应急专项预案的。

第八十四条 违反本法规定，特种设备使用单位有下列行为之一的，责令停止使用有关特种设备，处三万元以上三十万元以下罚款：

（一）使用未取得许可生产，未经检验或者检验不合格的特种设备，或者国家明令淘汰、已经报废的特种设备的。

（二）特种设备出现故障或者发生异常情况，未对其进行全面检查、消除事故隐患，继续使用的。

（三）特种设备存在严重事故隐患，无改造、修理价值，或者达到安全技术规范规定的其他报废条件，未依法履行报废义务，并办理使用登记证书注销手续的。

第八十五条 违反本法规定，移动式压力容器、气瓶充装单位有下列行为之一的，责令改正，处二万元以上二十万元以下罚款；情节严重的，吊销充装许可证：

（一）未按照规定实施充装前后的检查、记录制度的。

（二）对不符合安全技术规范要求的移动式压力容器和气瓶进行充装的。

违反本法规定，未经许可，擅自从事移动式压力容器或者气瓶充装活动的，予以取缔，没收违法充装的气瓶，处十万元以上五十万元以下罚款；有违法所得的，没收违法所得。

第八十六条 违反本法规定，特种设备生产、经营、使用单位有下列情形之一的，责令限期改正；逾期未改正的，责令停止使用有关特种设备或者停产停业整顿，处一万元以上五万元以下罚款：

（一）未配备具有相应资格的特种设备安全管理人员、检测人员和作业人员的。

（二）使用未取得相应资格的人员从事特种设备安全管理、检测和作业的。

（三）未对特种设备安全管理人员、检测人员和作业人员进行安全教育和技能培训的。

第八十七条 违反本法规定，电梯、客运索道、大型游乐设施的运营使用单位有下列情形之一的，责令限期改正；逾期未改正的，责令停止使用有关特种设备或者停产停业整顿，处二万元以上十万元以下罚款：

（一）未设置特种设备安全管理机构或者配备专职的特种设备安全管理人员的。

（二）客运索道、大型游乐设施每日投入使用前，未进行试运行和例行安全检查，未对安全附件和安全保护装置进行检查确认的。

（三）未将电梯、客运索道、大型游乐设施的安全使用说明、安全注意事项和警示标志置于易于为乘客注意的显著位置的。

第八十八条 违反本法规定，未经许可，擅自从事电梯维护保养的，责令停止违法行为，处一万元以上十万元以下罚款；有违法所得的，没收违法所得。

电梯的维护保养单位未按照本法规定以及安全技术规范的要求，进行电梯维护保养的，依照前款规定处罚。

第八十九条 发生特种设备事故，有下列情形之一的，对单位处五万元以上二十万元以下罚款；对主要负责人处一万元以上五万元以下罚款；主要负责人属于国家工作人员的，并依法给予处分：

（一）发生特种设备事故时，不立即组织抢救或者在事故调查处理期间擅离职守或者逃匿的。

（二）对特种设备事故迟报、谎报或者瞒报的。

第九十条　发生事故，对负有责任的单位除要求其依法承担相应的赔偿等责任外，依照下列规定处以罚款：

（一）发生一般事故，处十万元以上二十万元以下罚款。

（二）发生较大事故，处二十万元以上五十万元以下罚款。

（三）发生重大事故，处五十万元以上二百万元以下罚款。

第九十一条　对事故发生负有责任的单位的主要负责人未依法履行职责或者负有领导责任的，依照下列规定处以罚款；属于国家工作人员的，并依法给予处分：

（一）发生一般事故，处上一年年收入百分之三十的罚款。

（二）发生较大事故，处上一年年收入百分之四十的罚款。

（三）发生重大事故，处上一年年收入百分之六十的罚款。

第九十二条　违反本法规定，特种设备安全管理人员、检测人员和作业人员不履行岗位职责，违反操作规程和有关安全规章制度，造成事故的，吊销相关人员的资格。

第九十三条　违反本法规定，特种设备检验、检测机构及其检验、检测人员有下列行为之一的，责令改正，对机构处五万元以上二十万元以下罚款，对直接负责的主管人员和其他直接责任人员处五千元以上五万元以下罚款；情节严重的，吊销机构资质和有关人员的资格：

（一）未经核准或者超出核准范围、使用未取得相应资格的人员从事检验、检测的。

（二）未按照安全技术规范的要求进行检验、检测的。

（三）出具虚假的检验、检测结果和鉴定结论或者检验、检测结果和鉴定结论严重失实的。

（四）发现特种设备存在严重事故隐患，未及时告知相关单位，并立即向负责特种设备安全监督管理的部门报告的。

（五）泄露检验、检测过程中知悉的商业秘密的。

（六）从事有关特种设备的生产、经营活动的。

（七）推荐或者监制、监销特种设备的。

（八）利用检验工作故意刁难相关单位的。

违反本法规定，特种设备检验、检测机构的检验、检测人员同时在两个以上检验、检测机构中执业的，处五千元以上五万元以下罚款；情节严重的，吊销其资格。

第九十四条　违反本法规定，负责特种设备安全监督管理的部门及其工作人员有下列行为之一的，由上级机关责令改正；对直接负责的主管人员和其他直接责任人员，依法给予处分：

（一）未依照法律、行政法规规定的条件、程序实施许可的。

（二）发现未经许可擅自从事特种设备的生产、使用或者检验、检测活动不予取缔或者不依法予以处理的。

（三）发现特种设备生产单位不再具备本法规定的条件而不吊销其许可证，或者发现特种设备生产、经营、使用违法行为不予查处的。

（四）发现特种设备检验、检测机构不再具备本法规定的条件而不撤销其核准，或者对其出具虚假的检验、检测结果和鉴定结论或者检验、检测结果和鉴定结论严重失实的行为不予查处的。

（五）发现违反本法规定和安全技术规范要求的行为或者特种设备存在事故隐患，不立即处理的。

（六）发现重大违法行为或者特种设备存在严重事故隐患，未及时向上级负责特种设备安全监督管理的部门报告，或者接到报告的负责特种设备安全监督管理的部门不立即处理的。

（七）要求已经依照本法规定在其他地方取得许可的特种设备生产单位重复取得许可，或者要求对已经依照本法规定在其他地方检验合格的特种设备重复进行检验的。

（八）推荐或者监制、监销特种设备的。

（九）泄露履行职责过程中知悉的商业秘密的。

（十）接到特种设备事故报告未立即向本级人民政府报告，并按照规定上报的。

（十一）迟报、漏报、谎报或者瞒报事故的。

（十二）妨碍事故救援或者事故调查处理的。

（十三）其他滥用职权、玩忽职守、徇私舞弊的行为。

第九十五条 违反本法规定，特种设备生产、经营、使用单位或者检验、检测机构拒不接受负责特种设备安全监督管理的部门依法实施的监督检查的，责令限期改正；逾期未改正的，责令停产停业整顿，处二万元以上二十万元以下罚款。

特种设备生产、经营、使用单位擅自动用、调换、转移、损毁被查封、扣押的特种设备或者其主要部件的，责令改正，处五万元以上二十万元以下罚款；情节严重的，吊销生产许可证，注销特种设备使用登记证书。

第九十六条 违反本法规定，被依法吊销许可证的，自吊销许可证之日起三年内，负责特种设备安全监督管理的部门不予受理其新的许可申请。

第九十七条　违反本法规定，造成人身、财产损害的，依法承担民事责任。

违反本法规定，应当承担民事赔偿责任和缴纳罚款、罚金，其财产不足以同时支付时，先承担民事赔偿责任。

第九十八条　违反本法规定，构成违反治安管理行为的，依法给予治安管理处罚；构成犯罪的，依法追究刑事责任。

第七章　附　　则

第九十九条　特种设备行政许可、检验的收费，依照法律、行政法规的规定执行。

第一百条　军事装备、核设施、航空航天器使用的特种设备安全的监督管理不适用本法。

铁路机车、海上设施和船舶、矿山井下使用的特种设备以及民用机场专用设备安全的监督管理，房屋建筑工地、市政工程工地用起重机械和场（厂）内专用机动车辆的安装、使用的监督管理，由有关部门依照本法和其他有关法律的规定实施。

第一百零一条　本法自 2014 年 1 月 1 日起施行。

附录 B　特种设备事故报告和调查处理规定

国家质量监督检验检疫总局令

第 115 号

《特种设备事故报告和调查处理规定》经 2009 年 5 月 26 日国家质量监督检验检疫总局局务会议审议通过，现予公布，自公布之日起施行。2001 年 9 月 17 日国家质量监督检验检疫总局公布的《锅炉压力容器压力管道特种设备事故处理规定》同时废止。

局长　王　勇

二〇〇九年七月三日

特种设备事故报告和调查处理规定

第一章　总　　则

第一条　为了规范特种设备事故报告和调查处理工作，及时准确查清事故原因，严格追究事故责任，防止和减少同类事故重复发生，根据《特种设备安全监察条例》和《生产安全事故报告和调查处理条例》，制定本规定。

第二条　特种设备制造、安装、改造、维修、使用（含移动式压力容器、气瓶充装）、检验检测活动中发生的特种设备事故，其报告、调查和处理工作适用本规定。

第三条　国家质量监督检验检疫总局（以下简称国家质检总局）主管全国特种设备事故报告、调查和处理工作，县以上地方质量技术监督部门负责本行政区域内的特种设备事故报告、调查和处理工作。

第四条　事故报告应当及时、准确、完整，任何单位和个人对事故不得迟报、漏报、谎报或者瞒报。

事故调查和处理工作必须坚持实事求是、客观公正、尊重科学的原则，及时、准确地查清事故经过、事故原因和事故损失，查明事故性质，认定事故责任，提出处理和整改措施，并对事故责任单位和责任人员依法追究责任。

第五条　任何单位和个人不得阻挠和干涉特种设备事故报告、调查和处理工作。

对事故报告、调查和处理中的违法行为，任何单位和个人有权向各级质量技术监督部门或者有关部门举报。接到举报的部门应当依法及时处理。

第二章　事故定义、分级和界定

第六条　本规定所称特种设备事故，是指因特种设备的不安全状态或者相关人员的不安全行为，在特种设备制造、安装、改造、维修、使用（含移动式压力容器、气瓶充装）、检验检测活动中造成的人员伤亡、财产损失、特种设备严重损坏或者中断运行、人员滞留、人员转移等突发事件。

第七条　按照《特种设备安全监察条例》的规定，特种设备事故分为特别重大事故、重大事故、较大事故和一般事故。

第八条　下列情形不属于特种设备事故：

（一）因自然灾害、战争等不可抗力引发的。

（二）通过人为破坏或者利用特种设备等方式实施违法犯罪活动或者自杀的。

（三）特种设备作业人员、检验检测人员因劳动保护措施缺失或者保护不当而发生坠落、中毒、窒息等情形的。

第九条　因交通事故、火灾事故引发的与特种设备相关的事故，由质量技术监督部门配合有关部门进行调查处理。经调查，该事故的发生与特种设备本身或者相关作业人员无关的，不作为特种设备事故。

非承压锅炉、非压力容器发生事故，不属于特种设备事故。但经本级人民政府指定，质量技术监督部门可以参照本规定组织进行事故调查处理。

房屋建筑工地和市政工程工地用的起重机械、场（厂）内专用机动车辆，在其安装、使用过程中发生的事故，不属于质量技术监督部门组织调查处理的特种设备事故。

第三章　事　故　报　告

第十条　发生特种设备事故后，事故现场有关人员应当立即向事故发生单位负责人报告；事故发生单位的负责人接到报告后，应当于 1 小时内向事故发生地的县以上质量技术监督部门和有关部门报告。

情况紧急时，事故现场有关人员可以直接向事故发生地的县以上质量技术监督部门报告。

第十一条 接到事故报告的质量技术监督部门，应当尽快核实有关情况，依照《特种设备安全监察条例》的规定，立即向本级人民政府报告，并逐级报告上级质量技术监督部门直至国家质检总局。质量技术监督部门每级上报的时间不得超过 2 小时。必要时，可以越级上报事故情况。

对于特别重大事故、重大事故，由国家质检总局报告国务院并通报国务院安全生产监督管理等有关部门。对较大事故、一般事故，由接到事故报告的质量技术监督部门及时通报同级有关部门。

对事故发生地与事故发生单位所在地不在同一行政区域的，事故发生地质量技术监督部门应当及时通知事故发生单位所在地质量技术监督部门。事故发生单位所在地质量技术监督部门应当做好事故调查处理的相关配合工作。

第十二条 报告事故应当包括以下内容：

（一）事故发生的时间、地点、单位概况以及特种设备种类。

（二）事故发生初步情况，包括事故简要经过、现场破坏情况、已经造成或者可能造成的伤亡和涉险人数、初步估计的直接经济损失、初步确定的事故等级、初步判断的事故原因。

（三）已经采取的措施。

（四）报告人姓名、联系电话。

（五）其他有必要报告的情况。

第十三条 质量技术监督部门逐级报告事故情况，应当采用传真或者电子邮件的方式进行快报，并在发送传真或者电子邮件后予以电话确认。

特殊情况下可以直接采用电话方式报告事故情况，但应当在 24 小时内补报文字材料。

第十四条 报告事故后出现新情况的，以及对事故情况尚未报告清楚的，应当及时逐级续报。

续报内容应当包括：事故发生单位详细情况、事故详细经过、设备失效形式和损坏程度、事故伤亡或者涉险人数变化情况、直接经济损失、防止发生次生灾害的应急处置措施和其他有必要报告的情况等。

自事故发生之日起 30 日内，事故伤亡人数发生变化的，有关单位应当在发生变化的当日及时补报或者续报。

第十五条 事故发生单位的负责人接到事故报告后，应当立即启动事故应急预案，采取有效措施，组织抢救，防止事故扩大，减少人员伤亡和财产损失。

质量技术监督部门接到事故报告后，应当按照特种设备事故应急预案的分工，在当地人民政府的领导下积极组织开展事故应急救援工作。

第十六条　对本规定第八条、第九条规定的情形，各级质量技术监督部门应当作为特种设备相关事故信息予以收集，并参照本规定逐级上报直至国家质检总局。

第十七条　各级质量技术监督部门应当建立特种设备应急值班制度，向社会公布值班电话，受理事故报告和事故举报。

第四章　事　故　调　查

第十八条　发生特种设备事故后，事故发生单位及其人员应当妥善保护事故现场以及相关证据，及时收集、整理有关资料，为事故调查做好准备；必要时，应当对设备、场地、资料进行封存，由专人看管。

因抢救人员、防止事故扩大以及疏通交通等原因，需要移动事故现场物件的，负责移动的单位或者相关人员应当做出标志，绘制现场简图并做出书面记录，妥善保存现场重要痕迹、物证。有条件的，应当现场制作视听资料。

事故调查期间，任何单位和个人不得擅自移动事故相关设备，不得毁灭相关资料、伪造或者故意破坏事故现场。

第十九条　质量技术监督部门接到事故报告后，经现场初步判断，发现不属于或者无法确定为特种设备事故的，应当及时报告本级人民政府，由本级人民政府或者其授权或者委托的部门组织事故调查组进行调查。

第二十条　依照《特种设备安全监察条例》的规定，特种设备事故分别由以下部门组织调查：

（一）特别重大事故由国务院或者国务院授权的部门组织事故调查组进行调查。

（二）重大事故由国家质检总局会同有关部门组织事故调查组进行调查。

（三）较大事故由事故发生地省级质量技术监督部门会同省级有关部门组织事故调查组进行调查。

（四）一般事故由事故发生地设区的市级质量技术监督部门会同市级有关部门组织事故调查组进行调查。

根据事故调查处理工作的需要，负责组织事故调查的质量技术监督部门可以依法提请事故发生地人民政府及有关部门派员参加事故调查。

负责组织事故调查的质量技术监督部门应当将事故调查组的组成情况及时报告本级人民政府。

第二十一条 根据事故发生情况，上级质量技术监督部门可以派员指导下级质量技术监督部门开展事故调查处理工作。

自事故发生之日起 30 日内，因伤亡人数变化导致事故等级发生变化的，依照规定应当由上级质量技术监督部门组织调查的，上级质量技术监督部门可以会同本级有关部门组织事故调查组进行调查，也可以派员指导下级部门继续进行事故调查。

第二十二条 事故调查组成员应当具有特种设备事故调查所需要的知识和专长，与事故发生单位及相关人员不存在任何利害关系。事故调查组组长由负责事故调查的质量技术监督部门负责人担任。

必要时，事故调查组可以聘请有关专家参与事故调查；所聘请的专家应当具备 5 年以上特种设备安全监督管理、生产、检验检测或者科研教学工作经验。设区的市级以上质量技术监督部门可以根据事故调查的需要，组建特种设备事故调查专家库。

根据事故的具体情况，事故调查组可以内设管理组、技术组、综合组，分别承担管理原因调查、技术原因调查、综合协调等工作。

第二十三条 事故调查组应当履行下列职责：

（一）查清事故发生前的特种设备状况。

（二）查明事故经过、人员伤亡、特种设备损坏、经济损失情况以及其他后果。

（三）分析事故原因。

（四）认定事故性质和事故责任。

（五）提出对事故责任者的处理建议。

（六）提出防范事故发生和整改措施的建议。

（七）提交事故调查报告。

第二十四条 事故调查组成员在事故调查工作中应当诚信公正、恪尽职守，遵守事故调查组的纪律，遵守相关秘密规定。

在事故调查期间，未经负责组织事故调查的质量技术监督部门和本级人民政府批准，参与事故调查、技术鉴定、损失评估等有关人员不得擅自泄露有关事故信息。

第二十五条 对无重大社会影响、无人员伤亡、事故原因明晰的特种设备事故，事故调查工作可以按照有关规定适用简易程序；在负责事故调查的质量技术监督部门商同级有关部门，并报同级政府批准后，由质量技术监督部门单独进行调查。

第二十六条　事故调查组可以委托具有国家规定资质的技术机构或者直接组织专家进行技术鉴定。接受委托的技术机构或者专家应当出具技术鉴定报告，并对其结论负责。

第二十七条　事故调查组认为需要对特种设备事故进行直接经济损失评估的，可以委托具有国家规定资质的评估机构进行。

直接经济损失包括人身伤亡所支出的费用、财产损失价值、应急救援费用、善后处理费用。

接受委托的单位应当按照相关规定和标准进行评估，出具评估报告，对其结论负责。

第二十八条　事故调查组有权向有关单位和个人了解与事故有关的情况，并要求其提供相关文件、资料。有关单位和个人不得拒绝，并应当如实提供特种设备及事故相关的情况或者资料，回答事故调查组的询问，对所提供情况的真实性负责。

事故发生单位的负责人和有关人员在事故调查期间不得擅离职守，应当随时接受事故调查组的询问，如实提供有关情况或者资料。

第二十九条　事故调查组应当查明引发事故的直接原因和间接原因，并根据对事故发生的影响程度认定事故发生的主要原因和次要原因。

第三十条　事故调查组根据事故的主要原因和次要原因，判定事故性质，认定事故责任。

事故调查组根据当事人行为与特种设备事故之间的因果关系以及在特种设备事故中的影响程度，认定当事人所负的责任。当事人所负的责任分为全部责任、主要责任和次要责任。

当事人伪造或者故意破坏事故现场、毁灭证据、未及时报告事故等，致使事故责任无法认定的，应当承担全部责任。

第三十一条　事故调查组应当向组织事故调查的质量技术监督部门提交事故调查报告。事故调查报告应当包括下列内容：

（一）事故发生单位情况。

（二）事故发生经过和事故救援情况。

（三）事故造成的人员伤亡、设备损坏程度和直接经济损失。

（四）事故发生的原因和事故性质。

（五）事故责任的认定以及对事故责任者的处理建议。

（六）事故防范和整改措施。

（七）有关证据材料。

事故调查报告应当经事故调查组全体成员签字。事故调查组成员有不同意见的，可以提交个人签名的书面材料，附在事故调查报告内。

第三十二条 特种设备事故调查应当自事故发生之日起 60 日内结束。特殊情况下，经负责组织调查的质量技术监督部门批准，事故调查期限可以适当延长，但延长的期限最长不超过 60 日。

技术鉴定时间不计入调查期限。

因事故抢险救灾无法进行事故现场勘察的，事故调查期限从具备现场勘察条件之日起计算。

第三十三条 事故调查中发现涉嫌犯罪的，负责组织事故调查的质量技术监督部门商有关部门和事故发生地人民政府后，应当按照有关规定及时将有关材料移送司法机关处理。

第五章 事 故 处 理

第三十四条 依照《特种设备安全监察条例》的规定，省级质量技术监督部门组织的事故调查，其事故调查报告报省级人民政府批复，并报国家质检总局备案；市级质量技术监督部门组织的事故调查，其事故调查报告报市级人民政府批复，并报省级质量技术监督部门备案。

国家质检总局组织的事故调查，事故调查报告的批复按照国务院有关规定执行。

第三十五条 组织事故调查的质量技术监督部门应当在接到批复之日起 10 日内，将事故调查报告及批复意见主送有关地方人民政府及其有关部门，送达事故发生单位、责任单位和责任人员，并抄送参加事故调查的有关部门和单位。

第三十六条 质量技术监督部门及有关部门应当按照批复，依照法律、行政法规规定的权限和程序，对事故责任单位和责任人员实施行政处罚，对负有事故责任的国家工作人员进行处分。

第三十七条 事故发生单位应当落实事故防范和整改措施。防范和整改措施的落实情况应当接受工会和职工的监督。

事故发生地质量技术监督部门应当对事故责任单位落实防范和整改措施的情况进行监督检查。

第三十八条 特别重大事故的调查处理情况由国务院或者国务院授权组织事故调查的部门向社会公布，特别重大事故以下等级的事故的调查处理情况由组织事故调查的质量技术监督部门向社会公布；依法应当保密的除外。

第三十九条　事故调查的有关资料应当由组织事故调查的质量技术监督部门立档永久保存。

立档永久保存的材料包括现场勘察笔录、技术鉴定报告、重大技术问题鉴定结论和检测检验报告、尸检报告、调查笔录、物证和证人证言、直接经济损失文件、相关图纸、视听资料、事故调查报告、事故批复文件等。

第四十条　组织事故调查的质量技术监督部门应当在接到事故调查报告批复之日起 30 日内撰写事故结案报告，并逐级上报直至国家质检总局。

上报事故结案报告，应当同时附事故档案副本或者复印件。

第四十一条　负责组织事故调查的质量技术监督部门应当根据事故原因对相关安全技术规范、标准进行评估；需要制定或者修订相关安全技术规范、标准的，应当及时报告上级部门提请制定或者修订。

第四十二条　各级质量技术监督部门应当定期对本行政区域特种设备事故的情况、特点、原因进行统计分析，根据特种设备的管理和技术特点、事故情况，研究制定有针对性的工作措施，防止和减少事故的发生。

第四十三条　省级质量技术监督部门应在每月 25 日前和每年 12 月 25 日前，将所辖区域本月、本年特种设备事故情况、结案批复情况及相关信息，以书面方式上报至国家质检总局。

第六章　法　律　责　任

第四十四条　发生特种设备特别重大事故，依照《生产安全事故报告和调查处理条例》的有关规定实施行政处罚和处分；构成犯罪的，依法追究刑事责任。

第四十五条　发生特种设备重大事故及其以下等级事故的，依照《特种设备安全监察条例》的有关规定实施行政处罚和处分；构成犯罪的，依法追究刑事责任。

第四十六条　发生特种设备事故，有下列行为之一，构成犯罪的，依法追究刑事责任；构成有关法律法规规定的违法行为的，依法予以行政处罚；未构成有关法律法规规定的违法行为的，由质量技术监督部门等处以 4000 元以上 2 万元以下的罚款：

（一）伪造或者故意破坏事故现场的。

（二）拒绝接受调查或者拒绝提供有关情况或者资料的。

（三）阻挠、干涉特种设备事故报告和调查处理工作的。

第七章 附 则

第四十七条 本规定所涉及的事故报告、调查协调、统计分析等具体工作，负责组织事故调查的质量技术监督部门可以委托相关特种设备事故调查处理机构承担。

第四十八条 本规定由国家质检总局负责解释。

第四十九条 本规定自公布之日起施行，2001 年 9 月 17 日国家质检总局发布的《锅炉压力容器压力管道特种设备事故处理规定》同时废止。

附录 C 起重机械工作级别

起重机工作级别是表征起重机械工作繁重程度的重要参数。与起重机工作忙闲程度、载荷大小、作用特性有关。为了使起重机具有先进的技术经济指标，保证起重机经济耐用、安全可靠，在设计或选型时必须根据起重机工作的忙闲程度和载荷轻重状态，合理确定其工作级别。

1. 起重机工作级别的划分

起重机工作级别根据起重机的利用等级和载荷状态划分为 A1、A2、A3、A4、A5、A6、A7、A8 八级。

（1）起重机的利用等级。起重机的利用等级，用来表征起重机在设计寿命周期内使用的频繁程度，用总的工作循环次数 N 来表示。具体分为 10 级，见表 C-1。

表 C-1　　　　　　　　　　起重机的利用等级

利用等级	总的工作循环次数	附　注	利用等级	总的工作循环次数	附　注
U0	1.6×10^4		U5	5×10^5	经常中等地使用
U1	3.2×10^4	不经常使用	U6	1×10^6	不经常**繁忙**使用
U2	6.3×10^4		U7	2×10^6	繁忙使用
U3	1.25×10^5	经常清闲地使用	U8	4×10^6	
U4	2.5×10^5		U9	$>4 \times 10^6$	

（2）起重机的载荷状态。起重机的载荷状态表明起重机受载的轻重程度。它与两个因素有关：与所起升的载荷与额定载荷之比（P_i/P_{max}）和各个起升载荷 P_i 的作用次数 n_i 与总的工作循环次数 N 之比（n_i/N）有关。表示（P_i/P_{max}）和（n_i/N）关系图形称为载荷谱。载荷谱系数可按下列式计算：

$$K_p = \sum \left[\frac{n_i}{N} \left(\frac{P_i}{P_{max}} \right)^m \right] \qquad (C-1)$$

式中　K_p——载荷谱系数；

　　　n_i——载荷 P_i 的作用次数；

　　　N——总的工作循环次数；

　　　P_i——第 i 个起升载荷，$P_i = P_1$，P_2，$\cdots$，P_n；

　　　P_{max}——最大起升载荷；

m ——指数，此处取 $m=3$。

起重机的载荷状态按名义载荷谱系数分为 4 级，见表 C-2。

表 C-2 　　　　　　　　 起重机的载荷状态及名义载荷谱系数

载荷状态	名义载荷谱系数 K_p	说　明
Q1-轻	0.125	很少起升额定载荷，一般起升轻微载荷
Q2-中	0.25	有时起升额定载荷，一般起升中等载荷
Q3-重	0.5	经常起升额定载荷，一般起升较重载荷
Q4-特重	1.0	频繁地起升额定载荷

当起重机的实际载荷变化已知时，可先按式（C-1）进行计算。计算出的载荷谱系数并按表 C-2 选择不小于此值的最接近名义值作为该起重机的载荷系数。

（3）起重机工作级别的划分。按照起重机的利用等级和载荷状态，起重机工作级别为 $A_1 \sim A_8$ 共 8 级，见表 C-3，起重机工作级别举例可参见表 C-7。

表 C-3 　　　　　　　　　 起重机工作级别的划分

载荷状态	名义载荷谱系数 K_p	利 用 等 级									
		U_0	U_1	U_2	U_3	U_4	U_5	U_6	U_7	U_8	U_9
Q_1-轻	0.125			A_1	A_2	A_3	A_4	A_5	A_6	A_7	A_8
Q_2-中	0.25		A_1	A_2	A_3	A_4	A_5	A_6	A_7	A_8	
Q_3-重	0.5	A_1	A_2	A_3	A_4	A_5	A_6	A_7	A_8		
Q_4-特重	1.0	A_2	A_3	A_4	A_5	A_6	A_7	A_8			

2. 起重机机构的工作级别

起重机机构工作级别按机构的利用等级和载荷状态分为 8 级。

（1）机构利用等级。机构利用等级按机构总设计寿命分为 10 级（表 C-4）。总设计寿命规定为机构在设计假定的使用年数内，处于运转的总小时数，它只作为机构零件的设计基础，而不能视为保用期。

表 C-4 　　　　　　　　　 机 构 利 用 等 级

机构利用等级	总设计寿命 h	说　明	机构利用等级	总设计寿命 h	说　明
T0	200	不经常使用	T2	800	不经常使用
T1	400		T3	1600	

续表

机构利用等级	总设计寿命 h	说　明	机构利用等级	总设计寿命 h	说　明
T4	3200	经常清闲地使用	T7	25 000	
T5	6300	经常中等地使用	T8	50 000	繁忙地使用
T6	12 500	不经常繁忙地使用	T9	100 000	

（2）机构载荷状态。机构的载荷状态表明机构受载的轻重程度，它可用载荷谱系数 K_m 表征，K_m 按式（C–2）计算。

$$K_m = \sum \left[\frac{t_i}{t_T} \left(\frac{P_i}{P_{\max}} \right)^m \right] \qquad (C–2)$$

式中　P_i——第 i 个起升载荷，$P_i = P_1$，P_2，$\cdots$，P_n；

　　$P_{\max}$——P_i 中的最大值；

　　t_i——该机构承受各个不同载荷的持续时间，t_1，t_2，t_3，$\cdots$，t_n；

　　t_T——所有不同载荷作用总持续时间，$t_T = \sum t_i = t_1 + t_2 + t_3 + \cdots + t_n$；

　　m——机构零件材料疲劳试验曲线的指数，当 $m=3$ 时，有

$$K_m = \frac{t_1}{t_T} \left(\frac{P_1}{P_{\max}} \right)^3 + \frac{t_2}{t_T} \left(\frac{P_2}{P_{\max}} \right)^3 + \cdots + \frac{t_n}{t_T} \left(\frac{P_n}{P_{\max}} \right)^3$$

机构的载荷状态按名义载荷谱系数分为 4 级。当机构的实际载荷变化情况已知时，可先按式（C–2）计算实际载荷谱系数，然后按照表 C–5 选择不小于但与它最接近的名义载荷谱系数，并得到该机构总体的载荷状态级别。当机构实际载荷状态未知时，可按表 C–5 说明栏中的内容选择合适的载荷状态级别。

表 C–5　　　　　　　　　机构载荷状态及其名义载荷谱系数

载荷状态	名义载荷谱系数 K_m	说　明
L1–轻	0.125	机构经常承受轻载荷，偶尔承受最大载荷
L2–中	0.25	机构经常承受中等载荷，较少承受最大载荷
L3–重	0.50	机构经常承受较重载荷，也常承受最大的载荷
L4–特重	1.00	机构经常承受最大载荷

（3）机构工作级别。机构工作级别按机构利用等级和载荷状态分为 8 级，见表 C–6。

表 C–6　　　　　　　　　　机 构 工 作 级 别

载荷状态	名义载荷谱系数	机构利用等级									
	K_m	T0	T1	T2	T3	T4	T5	T6	T7	T8	T9
L1–轻	0.125			M1	M2	M3	M4	M5	M6	M7	M8
L2–中	0.25		M1	M2	M3	M4	M5	M6	M7	M8	
L3–重	0.5	M1	M2	M3	M4	M5	M6	M7	M8		
L4–特重	1.0	M2	M3	M4	M5	M6	M7	M8			

起重机工作级别举例可参考表 C–7。

表 C–7　　　　　　　　起重机工作级别举例

起重机型式			工作级别
桥式起重机	吊钩式	电站安装及检修用	A1～A3
		车间及仓库用	A3～A5
		繁重工作车间及仓库用	A6～A7
	抓斗式	间断装卸用	A6～A7
		连续装卸用	A8
	冶金专用	吊料箱用	A7～A8
		加料用	A8
		铸造用	A6～A8
		锻造用	A7～A8
		淬火用	A8
		夹钳、脱钩用	A8
		揭盖用	A7～A8
		料耙式	A8
		电磁铁式	A7～A8
门式起重机	一般用途吊钩式		A5～A6
	装卸用抓斗式		A7～A8
	电站用吊钩式		A2～A3
	造船安装用吊钩式		A4～A5
	装卸集装箱用		A6～A8

起重机型式		工作级别
装卸桥	料场装卸用抓斗式	A7～A8
	港口装卸用抓斗式	A8
	港口装卸集装箱用	A5～A8
门座起重机	安装用吊钩式	A3～A5
	装卸用吊钩式	A6～A7
	装卸用抓斗式	A7～A8
塔式起重机	一般建筑安装用	A2～A4
	用吊罐装卸混凝土	A4～A6
汽车、轮胎、履带、铁路起重机	安装及装卸用吊钩式	A1～A4
	装卸用抓斗式	A4～A6
甲板起重机	吊钩式	A4～A6
	抓斗式	A6～A7
浮式起重机	装卸用吊钩式	A5～A6
	装卸用抓斗式	A6～A7
	造船安装用	A4～A5
缆索起重机	安装用吊钩式	A3～A5
	装卸或施工用吊钩式	A6～A7
	装卸或施工用抓斗式	A7～A8

起重机机构工作级别举例可参考表 C-8。

表 C-8　　　　　　　　起重机机构工作级别举例

起重机型式			工　作　级　别					
			主起升机构	副起升机构	小车运行机构	大车运行机构	回转机构	变幅机构
桥式起重机	吊钩式	电站安装及检修用	M1～M2	M2	M1～M2	M1	×	×
		车间及仓库用	M2～M4	M3～M5	M3～M5	M3～M5	×	×
		繁重工作车间及仓库用	M5～M7	M6	M5～M6	M6～M7	×	×

续表

起重机型式			工作级别					
			主起升机构	副起升机构	小车运行机构	大车运行机构	回转机构	变幅机构
桥式起重机	抓斗式	间断装卸用	M6~M7	×	M6~M8	M6~M7	×	×
		连续装卸用	M7~M8	×	M6~M7	M6~M7	×	×
	冶金专用	吊料箱用	M7~M8	×	M6~M7	M7	×	×
		加料用	M8	M8	M8	M8	M7	×
		铸造用	M7~M8	M7~M8	M7~M8	M7~M8	×	×
		锻造用	M7~M8	M7	M6~M7	M7~M8	×	×
		淬火用	M6~M7	M7~M8	M6~M7	M7~M8	×	×
		夹钳、脱钩用	M8	M5~M6	M8	M8	M7~M8	×
		揭盖用	M7~M8	×	×	M7~M8	×	×
		料耙式	M8	×	M8	M8	M7~M8	×
		电磁铁式	M7~M8	×	M6~M7	M6	×	×
门式起重机	一般用途吊钩式		M5~M6	M5~M6	M5	M5	×	×
	装卸用抓斗式		M7~M8	×	M7~M8	M6~M7	×	×
	电站用吊钩式		M2~M3	M3	M3	M3	×	×
	造船安装用吊钩式		M4~M5	M4~M5	M5~M6	M5~M6	×	×
	装卸集装箱用		M6~M8	×	M6~M8	M5~M8	×	×
装卸桥	料场装卸用抓斗式		M7~M8	×	M7~M8	M5~M6	×	M3
	港口装卸用抓斗式		M7~M8	×	M7~M8	M6~M7	×	M2
	港口装卸集装箱用		M5~M7	×	M5~M7	M5~M7	×	M3
门座起重机	安装用吊钩式		M4~M5	M4~M5	×	M3~M4	M5	M5
	装卸用吊钩式		M5	×	×	M3	M5	M5
	装卸用抓斗式		M7~M8	×	×	M4	M6~M7	M6
塔式起重机	建筑、施工、安装用	H<60m	M2~M4	×		M3	M3	M3~M5
		H>60m	M4~M5	×		M3	M3	M3~M5
	输送混凝土用	H<60m	M4~M5	×		M5~M6	M3~M6	M5~M6
		H>60m	M4~M6	×		M6	M3	M5~M6

续表

起重机型式		工 作 级 别					
		主起升机构	副起升机构	小车运行机构	大车运行机构	回转机构	变幅机构
汽车、轮胎、履带、铁路起重机	安装及装卸用吊钩式	M3～M4	×	×	M2～M4	M4	M4
	装卸用抓斗式	M6～M7	×	×	M45	M5～M6	M4～M5
甲板起重机	重件装卸用	M3～M4	×	×	×	M4	M3～M4
	一般装卸用	M4～M5	×	×	×	M5～M6	M4
浮式起重机	装卸用（吊钩式）	M5～M6	×	×	×	M5～M6	M5～M6
	装卸用（抓斗式）	M6～M7	×	×	×	M5～M7	M6～M8
	造船安装用	M4～M6	M4～M6	×	×	M5	M4～M5
缆索起重机	安装用（吊钩式）	M3～M5	×	M3～M4	M3～M4	×	×
	装卸用（吊钩式）	M6～M7	×	M5～M6	M4～M5	×	×
	装卸用（抓斗式）或输送混凝土用	M7～M8	×	M7	M4～M5	×	×

附录 D 特种设备目录

［起重机械、场（厂）内专用机动车辆部分］

起重机械，是指用于垂直升降或者垂直升降并水平移动重物的机电设备，其范围规定为额定起重量大于或者等于 0.5t 的升降机；额定起重量大于或者等于 3t（或额定起重力矩大于或者等于 40t·m 的塔式起重机，或生产率大于或者等于 300t/h 的装卸桥），且提升高度大于或者等于 2m 的起重机；层数大于或者等于 2 层的机械式停车设备。

场（厂）内专用机动车辆，是指除道路交通、农用车辆以外仅在工厂厂区、旅游景区、游乐场所等特定区域使用的专用机动车辆。

国家质量监督检验检疫总局公告 2014 年 114 号

代码	种类	类别	品　种
4000	起重机械		
4100		桥式起重机	
4110			通用桥式起重机
4130			防爆桥式起重机
4140			绝缘桥式起重机
4150			冶金桥式起重机
4170			电动单梁起重机
4190			电动葫芦桥式起重机
4200		门式起重机	
4210			通用门式起重机
4220			防爆门式起重机
4230			轨道式集装箱门式起重机
4240			轮胎式集装箱门式起重机
4250			岸边集装箱起重机
4260			造船门式起重机
4270			电动葫芦门式起重机
4280			装卸桥

续表

代码	种类	类别	品 种
4290			架桥机
4300		塔式起重机	
4310			普通塔式起重机
4320			电站塔式起重机
4400		流动式起重机	
4410			轮胎起重机
4420			履带起重机
4440			集装箱正面吊运起重机
4450			铁路起重机
4700		门座式起重机	
4710			门座起重机
4760			固定式起重机
4800		升降机	
4860			施工升降机
4870			简易升降机
4900		缆索式起重机	
4A00		桅杆式起重机	
4D00		机械式停车设备	
5000	场（厂）内专用机动车辆		
5100		机动工业车辆	
5110			叉车
5200		非公路用旅游观光车辆	
F000	安全附件		
7310			安全阀
F220			爆破片装置
F230			紧急切断阀
F260			气瓶阀门

附录 E 特种设备作业人员类别（节选）

序号	作业种类	作 业 项 目	项目代号
1	特种设备相关管理	特种设备安全管理负责人	A1
2		特种设备质量管理负责人	A2
5		起重机械安全管理	A5
8		场（厂）内专用机动车辆安全管理	A8
29	起重机械作业	起重机械安装维修	Q1
30		起重机械电气安装维修	Q2
31		起重机械指挥	Q3
32		桥门式起重机司机	Q4
33		塔式起重机司机	Q5
34		门座式起重机司机	Q6
35		缆索式起重机司机	Q7
36		流动式起重机司机	Q8
37		升降机司机	Q9
38		机械式停车设备司机	Q10
43	场（厂）内专用机动车辆作业	车辆维修	N1
44		叉车司机	N2
46		内燃观光车司机	N4
47		蓄电池观光车司机	N5

参 考 文 献

田复兴. 起重机械安全管理实用指南（设计. 制造. 安拆. 使用）[M]. 北京：中国水利水电出版社，2010.